Naturkräfte.

Achtzehnter Band.

Gesundheitslehre

des menschlichen Körpers

von

Dr. P. Niemeyer
zu Leipzig.

Mit 31 Holzschnitten.

München.
Druck und Verlag von R. Oldenbourg.
1876.

Autorisirt sind eine russische, im Verlage des Herrn Ricker zu St. Petersburg erscheinende — eine englische, von Miß Oakley Coles zu London — eine italienische von den Drr. Schneer und Preve in Laigueglia unternommene.

Inhalts-Uebersicht.

Vierter Abschnitt.
Essen und Trinken.

Fünfter Abschnitt.
Arbeit und Erholung.

Zweites Buch.
Kleidung.

Erster Abschnitt.
Die Kleidung in ihrer Beziehung zur Wärmeregelung.

Zweiter Abschnitt.

Die Kleidung in ihrer Beziehung zur Mechanik des Körpers.

Drittes Buch.

Wohnung.

Erster Abschnitt.

Luft, Grund und Boden unserer Wohnstätten.

Zweiter Abschnitt.

Hygieinische Verbesserung unserer Wohnungsverhältnisse.

Dritter Abschnitt.

Innere Einrichtung.

Vierter Abschnitt.

Die Wohnung der Zukunft.

Einleitung.

Gesundheitslehre oder Hygieine (wie ich, wenn zwar nicht attisch, so doch mit Galen, mundgerechter als „Hygiene“ zu sagen vorschlage) ist die Lehre von der Pflege und Erhaltung des menschlichen Körpers im Stande des Wohlbefindens, der Leistungsfähigkeit und der Langlebigkeit. Bekanntlich unterscheidet man öffentliche und private Hygieine. Erstere faßt die menschliche Gesellschaft als Ganzes in's Auge und sucht sie hauptsächlich vor Fährlichkeiten zu bewahren, die, von außen andringend, unter dem Namen der Seuchekrankheiten oder Epidemien, in der Neuzeit das allgemeine Interesse lebhaft in Anspruch nahmen, die praktische Wichtigkeit der Gesundheitslehre überhaupt schärfer erkennen ließen. Nachdem die Münchener Schule, den trefflichen M. v. Pettenkofer an der Spitze, theoretische Grundlagen geschaffen, sind allgemeine und Zweigvereine aller Orten entstanden, um auch die Laienwelt für diese wichtige Culturfrage zu gewinnen. So steht zu erwarten, daß mit dem Sinne für öffentliche sich auch der für private Gesundheitspflege heben wird. Denn der Mensch ist kein lebloses Etwas, das gegen äußerliche Schädlichkeiten einfach dadurch geschützt wird, daß man es unter eine Glasglocke stellt, sondern ein Individuum, welches das Seinige dazu zu thun hat, um gegen äußere Unbill gewappnet zu bleiben. Oeffentliche und private Higieine müssen also Hand in Hand gehen, wenn's etwas Ganzes geben soll. Lassen sie sich zwar grundsätzlich nicht scheiden, so will doch dies Buch die Pflege des Körpers vom Standpunkte des Einzelnen entwickeln. Einer Büchersammlung „Naturkräfte" schließt es sich insofern an, als es Verwerthung und Ausgleichung des Einflußes schädlicher Naturgewalten auf den Körper lehrt, nachdem im vorhergehenden Bande die Einrichtung dieses Körpers selbst gelehrt worden.

Bleibt in der öffentlichen Higieine die Abwehr von explosiven Ereignissen, Massenerkrankungen (Epidemien) Hauptsache, so gilt die private dem stillen, stetigen Wachsthum der Gesellschaft. Heißt der Feind, der abzuwehren ist, dort Cholera oder Typhus, so heißt er hier: Siechthum und verkürzte Lebensdauer, von deren Ausbreitung und innerer Bedeutung sich die Wenigsten Rechenschaft gegeben haben dürften. Jene Seuchen freilich verfehlen ihren Eindruck selbst auf den Gleichgültigsten nicht durch die Massenhaftigkeit der in kurzer Zeit geforderten Opfer. Der Statistiker aber, der, vorwärts und rückwärts blickend, die Verluste nicht eines Stadtviertels, sondern des Gemeinwesens — nicht einer Saison, sondern der Jahrzehnte überschlägt, erkennt, daß epidemische Sterblichkeit nur augenblicklich tiefe, im Rahmen des ganzen Zeitraumes aber sich verwischende Lücken schlägt, während die anhaltende Quelle des mittleren Sterblichkeitsstandes tiefer zu suchen ist, nemlich in jener Summe positiver und negativer Versehen, welche der Culturmensch täglich und stündlich, öfter unbewußt als bewußt, gegen die Regeln der Gesundheitslehre begeht. Hiemit berühren wir den Kern der Frage, die man nach altem Style die Kunst des langen Lebens oder Makrobiotik nennt. Noch heute zwar ist die mystische Anschauung nicht geschwunden, welche das Mittelalter in gutem Glauben auch durch den Mund der Fachmänner lehrte, daß es nemlich Arzneien gebe, welche, eingenommen, das Leben um so und so viele Jahre verlängerten. Erst noch im Jahre 1764 sah sich Professor Gaubius zu Heidelberg veranlaßt, diesen Wahn in wissenschaftlicher Form zu bekämpfen. Doch noch heute erbt in Officinen das „Elixirium ad longam vitam" des weiland Heilkünstlers Theophrastus Aureolus Bombastus Paracelsus ab Hohenheim fort, ein Wundertrank, dem seiner Zeit nachgesagt wurde, daß wer leichtsinniger Weise zu viel davon nähme, dem Schicksale des — ewigen Juden zu verfallen Gefahr laufe!

Wie geläuterte Erkenntniß über Makrobiotik denkt, möge ein historischer Rückblick lehren:

Im alten Rom gab's eine Zeit etwa bis zum sechsten Jahrhundert des Bestehens der ewigen Stadt, von welcher Cato nach Mittheilung des Encyclopädisten Plinius (Histor. natural. Lib. XXIX Cap. 5) rühmte: Fuisse sine medicis, non tamen sine medicina d. h. es gab wohl schon Kenner der Heilkunde, aber für bloße Krankenbehandler fehlte es an Beschäftigung. Die Leute lebten eben so nüchtern, arbeitsam, überhaupt „gesund", daß erworbene Krankheiten kaum vorkamen, Tod durch Altersschwäche die gewöhnlichste Form war. Als Nährstand thaten die Aerzte

1*

sich erst auf, als das weltherrschende Volk, auf seinen Lorbeeren ruhend, sich dem Müßiggange und der Schlemmerei ergab, wo dann bald die Aerzte von morbi aulici sprachen d. h. Krankheiten der Haute-volée, entstanden und unterhalten durch ungesunde — also heilbar auch nur durch Rückkehr zu gesunder Lebensweise. Im Mittelalter finden wir diesen Gedanken von einem der wenigen damals einsichtigen Laien zur förmlichen Specialität ausgebildet, nemlich zur „Kunst, 100 Jahre und darüber alt zu werden“. So lautet der Titel eines im Jahre 1558 vom Italiener L. Cornaro herausgegebenen, vielgelesenen, aber wenig befolgten Büchleins, welcher folgende Thatsache zu Grunde liegt: Der Verfasser, ein Neffe der durch Lachner verherrlichten Catharina Cornaro, von Jugend auf der müßigen, schwelgerischen Lebensweise der venetianischen Jeunessé dore ergeben, sah sich mit dem 40. Lebensjahre durch ein Unterleibsleiden vor die Entscheidung gestellt: entweder nüchtern zu leben oder elendiglich dahin zu sterben. Er vermochte es über sich, das Erstere zu wählen und seine tägliche Kost allmählig auf eine Ration von 24 Loth zu beschränken. Die Folge war, daß er sich vollkommen erholte nnd ohne weiteres Krankenlager ein Alter von 100 — nach Einigen sogar von 103 Jahren erreichte, bis zuletzt die Schärfe aller Sinne wie auch des Gedächtnisses sowie eine treffliche Singstimme bewahrend! — Praktisch lehrt dieser Fall, was theoretisch der Classiker der modernen Diätetik, von Feuchtersleben, so ausdrückt: „Der sicherste Weg, das Leben zu verlängern, ist, es nicht abzukürzen.“

Werfen wir einen Sammelblick auf die dermaligen

Culturgewohnheiten, so ist es nicht blos Essen und Trinken, worin gefehlt wird, sondern nebstdem eine ganze Reihe alltäglicher Sünden wider die Gebote der Gesundheitslehre, und zwar ebenso oft positive als Unterlassungssünden. Letztere zumal haben sich in dem Maaße gehäuft, als Ausnutzung der Arbeitskraft einerseits, Wetteifer im Jagen nach Erwerb andererseits die Anspannung der Körperleistung auf's Höchste getrieben haben. Wie Uebertreibung fast klingt's, wenn ein Physiologe Flourens festsetzt, daß der Mensch, der sein Leben gleichmäßig zwischen Arbeit und Erholung theile, es auf 100 Jahre bringen müsse. Wenn nun die Statistik die mittlere Sterblichkeitsziffer in Culturländern auf 40 Jahre gesunken erweist, so haben wir die Ursache dieser betrübenden Thatsache darin zu suchen, daß die Gesammtheit unserer Lebensgewohnheiten mehr darauf angelegt ist, die Mittel zum Leben als dieses selbst zu erwerben.

Im patriarchalischen Alterthum waren es die Gesetzgeber, namentlich Moses und Lycurg, welche durch gemessene Befehle unter Androhung schwerer Strafen für Pflege und Ausbildung des Körperwohles Sorge trugen: durch Hautpflege —, Speisegesetze, Sonntagsfeier, gymnastische Spiele u. dgl. In unserem emancipirten Zeitalter bleibt diese Zucht der Freiwilligkeit des Einzelnen überlassen und in der That gehört die Praxis dieser Freiwilligkeit recht eigentlich zu dem, was wir im Gegensatze zum Barbarenthum — Bildung und Civilisation nennen. Wir Deutschen sind aber in diesem Stücke gegen Engländer und Amerikaner noch weit zurück. Gewohnt, wie wir sind, Alles auf Commando oder nach Paragraphen zu thun, müssen wir das, was sich unter natürlichen Verhältnissen eigentlich von selbst versteht, zur Doktrin ausbilden — das, was Wilde und auch Thiere aus bloßem Instikt thun, mit Bewußtsein und Fleiß treiben lernen. Das Meiste in unserer bürgerlichen Lebensweise ist, wie v. Pettenkofer treffend bemerkt, mehr ererbt als selbsterrungen; wir machen's so, weil wir's Andere so machen sehen, ohne einmal zu fragen, ob das Alles auch gesund sei? Indem wir aber die Gewohnheit „unsere Amme" nennen, fällt's uns schwer, unsere Lebensweise als Ursache von Krankheit zu erkennen. Statt dessen suchen wir den Grund außerhalb, verfallen auf Theorieen und Praktiken, welche nur neue Schädlichkeiten schaffen — um nur eine zu nennen, die landläufige Redensart von „Erkältung" und der überängstliche Schutz gegen sie.

Die deutsche Literatur ist nicht arm an populären Lehrbüchern über Gesundheit und Krankheit; besonders das Bock'sche Werk ist ein wahres Volksbuch geworden. Weit entfernt, die Verdienste dieses eben verstorbenen Vorkämpfers auf dem Gebiete medizinischer Aufklärung schmälern zu wollen, muß ich doch auf Grund vielfacher Erfahrung über den Gebrauch, den die Leserwelt von dem Buche macht, beklagen, daß es mehr halbe Aerzte als denkende Patienten geschaffen hat. Gebührt Bock der Ruhm, den ersten, schwersten Schritt gethan zu haben, so hat er eben auch die Einsicht gefördert, daß vor Allem Belehrung noththut über das Abc der Kunst „das Leben nicht abzukürzen."

Damit erst wird dem Publikum Einsicht in die Stellung kommen, die es zum ärztlichen Stande zu nehmen hat. Trotz der auf den Lippen schwebenden „Aufklärung" denken sich innerlich die Meisten den Doktor als eine Instanz, die, erst wenn man krank ist, gerufen wird, ein Recept verschreibt, worauf dann, wenn er das Richtige getroffen, Genesung erfolgt — eine Methode, die wie ein Haar dem anderen der des rothhäutigen Indianers gleicht, welcher zum „Medizin-Mann“ wallet und wenn er den Preis erlegt hat, sich aller Krankheit baar wähnt! Bei uns Deutschen ist's schon 300 Jahre her, daß die Methode des Ablaßkrames in Verruf kam, seit Kant gar feiert uns das Ausland als die „Nation der Denker“. Als solchen bringe uns die Hygieine zum Bewußtsein, daß der Arzt — ähnlich dem Seelsorger — nur „Leibsorger“. sein kann, dem wir unsere Diätsünden beichten, worauf er uns anleitet, welch' andere Lebensweise wir einzuschlagen haben, um wieder gesund zu werden. Auch Das, was wir unsere „besondere Natur“ nennen, erkennt er nur dann, wenn wir selbst sie ihm in hygieinischer Sprache, nicht im faselnden Lamento offenbaren und dann ist er auch, kraft vielseitiger Erfahrung und vergleichenden Urtheils im Stande, uns einen neuen Weg vorzuschreiben, der freilich öfter die verbietende als verordnende, öfter die mahnende als schmeichelnde Richtung nehmen, keinenfalls aber dem Wanderer einen einzigen selbstständigen Schritt ersparen wird. Folgende Blätter wollen in dem ihnen zugemessenen engen Raume einen Baedeker für Gesunde, und Solche, die es bleiben wollen, entwerfen. In der Natur des Stoffes liegt's jedoch, daß wir uns auf der breiten, staubigen, heißen Landstraße halten und lauter anscheinend „gewöhnliche Dinge“ zu sehen bekommen, nach der Moral, welche der treffliche Schweizer Gesundheitslehrer Sonderegger predigt:

„Der Mensch ist ein Fremdling auf Erden bis zur Heimathlosigkeit; nichts ist ihm wunderbarer als das Gewöhnliche und nichts unbekannter, als das Alltägliche.“ Kenntniß und Praxis des Gewöhnlichen und Alltäglichen bildet aber eben die Kunst des langen Lebens. Populäre Gesundheitspflege hat nur die Aufgabe, diese Kunst in System und Methode zu bringen und in möglichst ungelehrter, aber ansprechender Form vorzutragen. Im Uebrigen hält es sich fern von aller Receptirschablone, dem eigenen Denken des Lesers überlassend, die besonderen, seinem Körper und seiner äußeren Stellung entsprechenden Regeln abzuleiten. Was vom Leben überhaupt, das gilt auch speciell von der Gesundheit. Täglich will sie neu erkämpft und erobert sein — wie Jeder seines Glückes, so ist er auch seiner Gesundheit eigener Schmied!

I. Buch.

Der Körperhaushalt und seine Pflege.

„Gesund an Leib und Seele sein,
Das ist der Quell des Lebens;
Es strömet Lust durch Mark und Bein.
Die Lust des tapfern Strebens.
Was man mit frischem Herzensblut
Und keckem Wohlbehagen thut,
Das thut man nicht vergebens."

Voß.

Erster Abschnitt.

Die menschliche Eigenwärme.

Erstes Capitel.

Allgemeine Uebersicht.

Das wesentliche Merkmal des lebenden Menschen ist seine Wärme: so lange ein anscheinend lebloser Körper sich warm anfühlt, hält man ihn für noch lebensfähig und erst wenn kalt geworden, erklärt man ihn für todt. Die Zeichen erhöhter Wärmebildung faßt man als Erhitzung zusammen und Leuten, die geistig leicht aufwallen, schreibt man ein hitziges Temperament zu; gegentheils nennt man kalte oder kaltblütige Personen solche, die auch bei einwirkender Aufregung gleichmüthig oder gar gleichgültig bleiben. Die Frage, ob man sich warm oder kalt fühle, bildet einen ebenso geläufigen Unterhaltungsstoff wie die, ob schlechtes oder gutes Wetter sei? Jene wie diese entscheidet in der That über das ganze augenblickliche Wohl- oder Uebelbefinden, über gute oder schlechte Laune. Die Praxis der Erwärmung ist in der kalten, und die Furcht vor Erkältung in allen Jahreszeiten eine Lebensfrage.

Gehen wir diesen empirischen Wahrnehmungen auf den

Grund, so erkennen wir der Wärmebildung eine noch tiefere Bedeutung zu, denn sie ist zugleich das Element jeder Aeußerung, durch welche sich der lebende Körper vom todten unterscheidet, jeder Leistung, deren Menschenwerk überhaupt fähig ist, denn die Wärme ist nach einer bekannten wissenschaftlichen Entdeckung der Neuzeit das Wesen der Kraft,*) deren Bethätigung Wärme verzehrt, deren Unterhaltung also beständige Zufuhr neuer Wärme verlangt. In der That beginnt der Zustand, bei dem die Körperwärme unter das erträgliche Maaß sinkt, nemlich das Erfrieren, mit dem Gefühle völliger Machtlosigkeit (nicht etwa „Ohnmacht" im engeren Sinne), geht in Schlafsucht und von dieser allmählich in Erstarrung über. Gegentheils stört das Uebermaaß von Wärmebildung, wie es z. B. der Fieberzustand auszeichnet, die zweckmäßige Ausübung der Kraft, indem es namentlich die geistigen Fähigkeiten in Unordnung bringt.

Demnach ist richtige Oekonomie der Körperwärme erstes Gebot der Gesundheitspflege und wer diese stets in der Gewalt hat, wird sich nicht nur jederzeit zu jeder Arbeit aufgelegt und befähigt finden, sondern auch Störungen, die seine Wärmebildung von außen erleidet, leicht zu ertragen und rasch wieder auszugleichen wissen z. B. ein Schnupfenfieber, mit dem sich Andere zwei Wochen herumplagen, in zwei Tagen bewältigen.

Suchen wir uns über die Einzelheiten, welche die Körperwärme zusammensetzen, durch Betrachtung des neu-

*) Vgl. hierüber den III. Band der „Naturkräfte": Die Wärme. S. 69.

geborenen Kindes ein Urtheil zu bilden! Dasselbe bezog bis dahin seine Wärme vom Mutterleibe, von dem es mit solcher durch zwei Blutröhren gespeist wurde. In dem Augenblicke, da es zur Welt kommt, hat es noch keine Eigenwärme, sondern fühlt sich wie ein Fisch an, sieht auch wie blau gefroren aus. Dieser Zustand ändert sich aber in dem Maaße, als es zu schreien und sich zu bewegen anfängt. Die beiden Lungenflügel, welche bis dahin wie compakte Fleischmassen, etwa wie ein Paar Milzen, im Brustkasten gelegen haben, erweitern sich nunmehr instinktmäßig, um ihre Bläschen mit Luft zu füllen. Thun sie's nicht von selbst, weil das Kind scheintodt zur Welt kam, so wird es durch Klatschen des Steißes, Reiben der Fußsohlen u. dgl., die Lunge selbst durch Hereinlassen frischer Luft durch's offene Fenster dazu gereizt und nun fühlt man, wie der Brustkorb sich gleich einem Blasebalg hebt und senkt, ein- und ausathmet. Damit hat aber auch das Herz aufgehört, bloßer Hülfsapparat des mütterlichen Blutkreislaufs zu sein, und sich mit den Lungen in jene Wechselwirkung gesetzt, welche Blut abgibt und Blut aufnimmt, jenes, um Verbrauchtes abzuführen, dieses, um Lebensluft in den Körper zu treiben. Damit schwindet die bläuliche Farbe und Kälte der Haut, um frischer Röthung und Wärme Platz zu machen. Weiter wird das Kind gebadet und geseift, um ihm die bis dahin verschlossenen Poren oder Schweißlöcher zu öffnen; hüllt man's nun in schützendes Linnen, so fühlt man nachher bei'm Umkleiden, wie es Wärme ausgestrahlt und ausgedunstet hat. Damit es so fortfahren könne, führt man ihm durch den Magen Nahrung zu, indem man's, etwa nach zwölf Stunden, wo bei der Mutter sich Milch eingestellt hat, anlegt und achtet weiterhin darauf, ob es den Abfall dieser Nahrung ordentlich mit dem Stuhl abgibt.

Das wäre ungefähr der praktische Thatbestand, den wir nunmehr theoretisch auszulegen haben. Dies geschieht nach wissenschaftlichen Regeln, wie sie seit Newton maaßgebend sind, durch Vergleichung mit ähnlichen, in ihren Ursachen bekannten Vorgängen, welche z. B. unseren Keppler die Erscheinung des Sonnenlichtes aus der Analogie mit dem Feuerscheine auf dem Küchenherde erklären ließ. Nach dieser Methode gelangen wir zu der Ansicht, daß die Wärmebildung im Menschen nach Art derjenigen des erwärmten Ofens zu Stande komme, eine Hypothese, welche zur Gewißheit wird, wenn alle Einzelheiten sich in ihren Kreis fügen und ihn kunstgerecht schließen. Sehen wir nach, ob dies zutrifft!

1) Der Leib des Menschen fühlt sich, wie gesagt, warm an; daß er Wärme wie ein Ofen ausstrahlt, stellen wir mit Hilfe eines Instrumentes, Anemometer*) genannt, fest. Bringen wir dieses zwischen Rock und Weste ein, so geräth es ebenso in Bewegung wie die Papierschlange, welche Kinder auf den geheizten Ofen zu stellen pflegen. Instinktmäßig wissen wir das von Kindesbeinen an, denn wenn uns im Bette friert, kauern wir uns zusammen, um durch Zusammenlegung der Flächen die Wärme etwa so zusammenzuhalten, wie dies in der Ofenröhre der Fall ist, wo ja auch von mehreren Seiten her Strahlung erfolgt. Dagegen

*) Vgl. hierüber Bd. X. der „Naturkräfte": Wind und Wetter. S. 144. Ueber Wärmestrahlung überhaupt s. Bd. III. Die Wärme. S. 85.

setzen wir uns nicht gern gleich auf einen Polsterstuhl, den eben ein Anderer verlassen hat, weil wir wissen, daß er noch von Diesem durchwärmt ist. Die Frieseure helfen dem ab, indem sie das Sitzpolster umwenden. Wollen wir uns gegentheils im Sommer recht kühl lagern, so strecken wir alle Viere von uns, womit wir die strahlende Fläche möglichst auseinander breiten und die Wärme in's Freie gehen lassen. Nach alledem gelangen wir zu dem Schluß, daß unsere Körperoberfläche ganz gleich ist der äußeren oder wie man technisch sagt, der Transmissionsfläche des Ofens. Eine zweite Eigenschaft, die Ausdünstung, wird später betrachtet werden.

2) Haben wir so ein erstes ziemlich sicheres Indicium für die Ofentheorie gewonnen, so liegt es nahe, uns weiter vorerst nach einer Esse umzusehen, von der aus die Wärme geschürt wird, und auch dies wird auf dem Wege empirischer Beobachtung mit Erfolg geschehen. Fühlen wir uns fröstelig, kalt und zufolge dessen matt, so greifen wir zu einer Tasse warmen Caffee's oder einem Glas Wein, weil wir wissen, daß dies uns „erwärmt". Vor dem Essen frieren wir leichter, nach dem Essen werden wir rascher warm, warum? — weil wir uns — geheizt haben! Da neue Speise sowohl wie Trank vorerst in den Magen gleiten, so liegt der Schluß nahe, daß dieser die Esse, oder, wie man technisch auch sagt, den Beschickungsraum bildet. Daran aber schließt sich ganz naturgemäß die weitere Folgerung, daß das, was sich an den Magen anreiht, der Darmkanal, den Behälter für den Abfall — bei'm Ofen die Asche — bildet, welcher also mit dem Stuhlgange nach außen geht.

3) Wo eine Esse ist, dürfen auch „Züge" nicht fehlen und da diese mit Luft arbeiten, so können sie nur durch das einzige Organ vertreten sein, welches Luft einnimmt, nämlich die **Lungen**. In der That lehrt denn auch chemische Untersuchung Dessen, was bei der Ausathmung von diesem Organe abgegeben wird, daß die bei der Einathmung eingesogene Luft zur Verbrennung verwerthet wurde, denn statt Sauerstoffs ist nunmehr Kohlensäure darin, dasselbe Produkt, welches bei Verbrennung von Holz entsteht. Der Unterschied ist nur der, daß, während bei'm Ofen der Sauerstoff zur Ofenthüre herein, die Kohlensäure zum Schlote hinausgeht, hier der Brustkasten Eingang und Ausgang zugleich bildet, eine Thatsache, welche für die Athemdiät sich als wichtiger Leitpunkt herausstellen wird.

4) Es fragt sich nun viertens, welche Rolle speziell das Organ, das noch übrig ist, das **Herz** mit seinen **Adern** und deren Inhalte, dem **Blute** hat?

Wenn wir kalt sind, haben wir einen langsamen Puls, sehen auch wohl bläulich aus, wie vorhin das Neugeborene. Sind wir dagegen warm oder heiß, so haben wir Herzklopfen, raschen Puls, sehen roth, ja „feurig" aus; man sagt auch wohl, daß das Blut durch die Adern „rolle" oder gar „koche"; im selben Sinne heißt's in einem bekannten Operntexte: „All' meine Pulse schlagen." Gegentheils ist der leblose, erkaltete Körper vom Blute wie verlassen, daher von wachsbleicher Farbe — deutet nicht dies Alles mit Sicherheit darauf hin, daß die Verbreitung der Wärme durch den Körper Sache der Adern ist, welche dazu vom Herzen angehalten werden? — Der gewöhnliche Ofen nimmt die Wärme direkt von der Esse an und strahlt sie ebenso direkt nach außen. Darum aber ist seine Leistung an die Feuerung gebunden; erlischt diese, so ist er bald wieder kalt. Die Neuzeit jedoch hat es verstanden, aus dem alten, blos wärmeleitenden Ofen einen sie sammelnden und längere Zeit festhaltenden Apparat herzustellen, den „Mantelofen", welcher ein Wärme-Magazin darstellt, indem er sie noch mehrere Stunden über die Zeit der Feuerung vorräthig hält. Die vollkommenste Form aber ist die durch das ganze Haus gehende Warmwasserheizung, welche schon an und für sich länger vorhält als Holzheizung und bei gehöriger technischer Construktion die von einmaliger Feuerung aufgenommene Wärme volle zwölf Stunden an sich hält. Daß unser Leibesofen nach dem Modelle dieses Systemes eingerichtet, darauf weist schon die röhrenartige Verbreitung der Adern, welche also den durch die Stockwerke gehenden Warmwasserröhren (auch in Treibhäusern jetzt allgemein üblich) entsprechen. Das Reservoir, von dem aus sie gespeist werden, bildet das Herz, zugleich ein Pumpapparat, welcher mit jedem Pulse ein gleich abgemessenes Quantum frischgewärmten Blutes entsendet.

5) Um nun die Kette zu schließen, und zu sagen, wie das Herz mit dem ersten Gliede, dem Magen und Verdauungscanale, zusammenhängt, so sagt uns die Anatomie, daß die hieselbst verarbeiteten Nahrungsstoffe durch den sogenannten Lymphbrustgang dem Blutlaufsysteme an einer dem Herzen nahegelegenen Stelle zugeführt, von hier aus in das (rechte) Herz gelangen, welches sie sofort in die Lungen treibt. Sind sie hier mit Sauerstoff in Berührung gerathen — verbrannt worden — so gehen sie in

das linke Herz zurück und nunmehr erst als Wärmequelle durch den Körper.

Nach dieser allgemeinen Orientirung gehen wir über zur Zerlegung des Ganzen in seine einzelnen Theile und beginnen mit dem Mittelpunkte des Körperhaushaltes, dem Blutleben.

Zweites Capitel.

Blutkörperchen und Blutstrom.

„Geburt und Grab,
Ein ewiges Meer,
Ein wechselnd Weben,
Ein glühend Leben."
Göthe.

„Im Blute", schrieb Harvey, der Entdecker des Blutkreislaufes (1653) „besteht das Leben, weil in ihm das Leben wie die Seele zuerst dämmern und zuerst untergehen; das Blut ist der Urquell alles Lebens, das Primum vivens, Ultimum moriens". Nur in dieser größeren Perspektive, nicht vom Gesichtspunkte der Specialphysiologie haben wir diesen „ganz besonderen Saft", wie ihn der Dichter nennt, abzuhandeln. Dem Vorstellungsvermögen des Lesers sei mit drei Abbildungen entgegengekommen, deren erste den Blutlauf an einer stecknadelspitzengroßen Stelle der durchsichtigen, daher durch das Mikroscop zu betrachtenden Schwimmhaut des Frosches (Fig. 1) bei etwa 250facher Vergrößerung, deren beide anderen die Formbestandtheile des Blutes für sich zeigen.

Um sich einen Begriff von dem unendlichen Maaßstabe zu bilden, in dem sich das Bild Fig. 1 vervielfältigt, betrachte man die eigenen Finger oder die nach außen gezogene Ohrmuschel eines Anderen gegen das Sonnen- oder ein Kerzenlicht, wo dann das Ganze mehr wie ein von Blutroth getränkter Schwamm denn wie

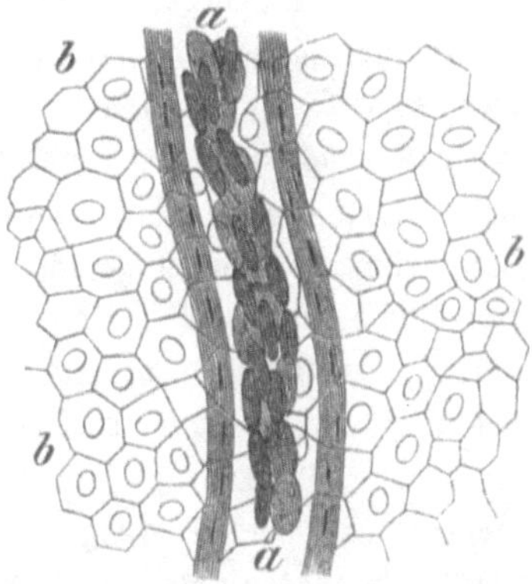

Fig. 1. Der Blutkreislauf unter dem Mikroskop in der Schwimmhaut des Frosches.

ein System abgeschlossener Röhren aussieht; ebenso scheint das aus einem Nadelstich oder Blutegelbiß Ausfließende eher aus dem Fleische selbst hervorzuquellen. Nichtsdestoweniger halte der Leser fest, daß nirgends Blut frei ergossen, sondern überall in Röhren eingeschlossen und in beständiger Strömung begriffen ist. Die in der Bahn von Fig. 1 gezeichneten Scheiben hat man sich ebenfalls in einer Bewegung begriffen zu denken, welche an den Wettlauf eines Ameisenzuges erinnert, und deren Tendenz mit obenanstehenden Dichterworten gekennzeichnet wird.

Beiläufig bemerkt, bietet die Durchleuchtung der ausgestreckten Hand einen Kunstgriff zur Unterscheidung des Scheintodes vom wirklichen. Ersterer liegt vor, wenn die in einem dunklen Zimmer gegen ein Kerzenlicht gehaltene Hand noch wie ein blutgetränkter Schwamm durchscheint, letzterer, wenn der Durchblick farblos, wachsartig.

Die in Fig. 1 abgebildete Station des Blutkreislaufes nennt man ihrer außerordentlichen Kleinheit halber Haargefäßnetz, welches, im Ganzen des Systemes betrachtet, das darstellt, was man auf Eisenbahnen Kreuzungs- oder Wechselstationen nennt. Von einer Seite nemlich kommt ein Zug frischen, ernährungstüchtigen Blutes an, dessen Nahrungsstoffe, insoweit sie an das betreffende Organ adressirt sind, abgeladen werden; von der anderen Seite hält das Organ eine Ladung verbrauchter Stoffe vorräthig, welche sie der Blutbahn zur Spedition übergibt. Jene zuführende Bahn, deren Ausgangspunkt das linke Herz, heißt die arterielle (Pulsaderbahn) diese abführende die venöse (einfache Blutader)-Bahn mit dem Endpunkte im rechten Herzen. Zwischem rechtem und linkem Herzen besteht, wie wir schon wissen (S. 16), eine besondere Wechselstation, die Lungen, in denen die zugeführten Stoffe aber erst umgesetzt und dann dem linken Herzen wieder übergeben werden, wie wir das in einem späteren Capitel näher zu betrachten haben; vorläufig beschäftigt uns das Blut als solches in seinem Verkehr auf den Haargefäßstationen.

Nach der Mahlzeit vollzieht das Blut — wie man sich an getödteten Thieren überzeugt hat — eine Fluthbewegung zum Magen und Darmcanale, um hier an einer Station, die wohl 20 Ellen in der Länge beträgt, neue Nahrung (oder, wie wir's bis jetzt vorzugsweise nennen: Heizstoff) aufzunehmen. Dem Blute als solchem wird an dieser Stätte, durch Vermittelung des schon namhaft gemachten Lymphbrustganges (S. 17), Zufuhr neuer Formelemente zu Theil, welche erst in Gestalt der sogenannten Lymphkörperchen (Fig. 2) Zellen, mit Körnern gefüllt, darstellen und in dieser Gestalt auch theilweise in die Blutbahn gelangen.

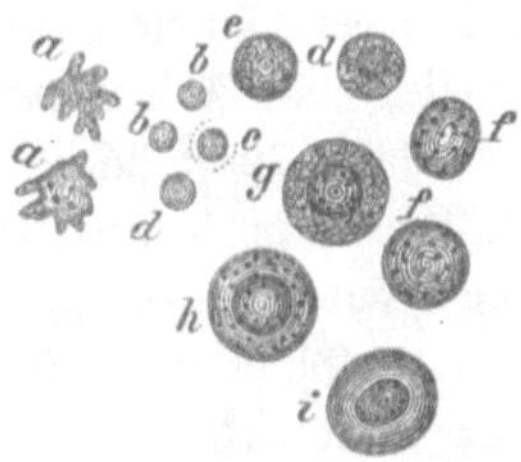

Fig. 2. Lymphkörperchen.
a. durch Zusammenziehung sternförmig gewordene, b. freie Kerne, c. Kerne von Körnchen umgeben. d. u. e. kleine, f. u. g. größere Zellen, h. eine solche nach Zusatz von Wasser, i. dsgl. nach Zusatz von Essigsäure.

Nach und nach wandeln sich diese „jugendlichen" Blutkörperchen in fertige oder Blutscheiben um, wie sie Fig 1. im Haargefäße schwimmend, Fig. 3 für sich, unter dem Mikroskop ausgebreitet zeigt.

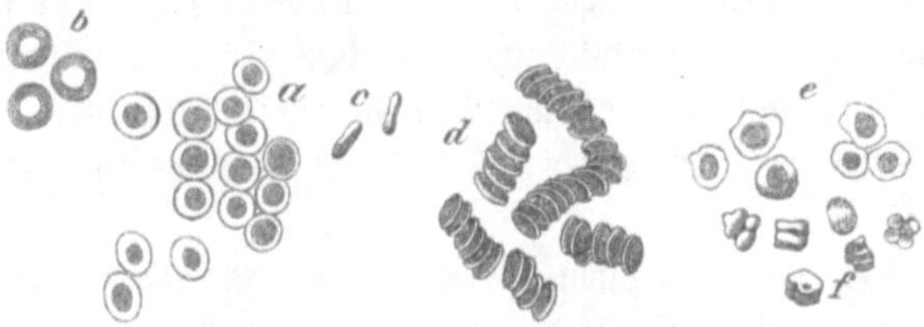

Fig. 3. Menschliche Blutkörperchen.
a und b von der Fläche gesehen — c vom Rande gesehen — d geldrollenartig aneinandergelegt — e u. f durch Wasserentziehung eingeschrumpft.

Ihre Größe beträgt in Wirklichkeit den fünfmillionsten Theil eines Cubikmillimeters, was allerdings erstaunlich klein klingt; würde man aber sämmtliche in den Adern eines Erwachsenen kreisenden Blutscheiben in eine Fläche neben einanderlegen können, so würde doch ein Carré von 2816 Quadratmetern, also von 80 Schritt in Seite zu Stande kommen.

Die Geschwindigkeit des Blutstromes, welche ja unter dem Mikroskop ebenfalls vergrößert erscheint, ist in den Haargefäßen verhältnißmäßig gering, indem sie etwa einen

Zoll in der Minute beträgt, während sie in den mittleren Arterien einen Fuß in der Sekunde zurücklegt. Der ganze Kreislauf vollzieht sich in etwa 23 Sekunden, so daß jedes Blutkörperchen binnen 24 Stunden etwa 4000 mal die Runde durch den ganzen Körper macht.

Die Blutscheiben schwimmen, wie zu Fig. 1 noch erläuternd bemerkt sei, in einer Flüssigkeit. Das als Ganze aus der Ader fließende Blut sieht roth aus; filtrirt man aber die Blutscheiben ab, so bleibt eine wasserhelle, salzigschmeckende Flüssigkeit, das Blutwasser, zurück, welches, wenn es einige Zeit gestanden, wie Milch gerinnt, indem es Faserstoff absetzt, ein Name, der jedoch nicht so wörtlich zu verstehen ist, wie ihn sein Erfinder, Fourcroy, dachte, daß er nemlich gleich sei dem Fasergewebe der Muskeln, mit dem es nur den Namen gemein hat; in Wahrheit bedeutet dieser „Faserstoff“ nur geronnenes, todtes Blut.

Der rothe Farbstoff ist also an die Blutscheiben gebunden, welche außerdem noch Eisen enthalten; doch ist die lange Zeit genährte und zur Behandlung der Bleichsucht mit Enthusiasmus verwerthete Ansicht zu berichtigen, als ob der Farbstoff an das Eisen gebunden wäre. Thatsächlich ist dies nicht der Fall, überhaupt die Menge dieses Stoffes eine außerordentlich geringe. Chemikern jedoch ist es durch Behandlung im Großen gelungen, metallisches Eisen aus Menschenblut herzustellen und der Physiologe Bérard in Paris pflegte sogar einen ganzen Klumpen in seinen Vorlesungen vorzuzeigen, wodurch er einmal einen Zuhörer zu dem Vorschlage anregte, aus dem Blute großer Männer — Denkmünzen zu prägen, ein

Vorschlag, welcher in dieser Zeit der Agitation für Leichenverbrennung besonderen Anklang finden dürfte — der indessen mehr schön, als richtig ist. —

Was dem Blute die Farbe verleiht, sind zwei Gase, nemlich Sauerstoff und Kohlensäure, welche uns sogleich wieder mit dem Vorgange der Körperheizung in Zusammenhang bringen. Sauerstoffreiches Blut sieht hellroth, kohlensäurehaltiges dunkelroth, mehr blau aus. Der Sauerstoff sitzt fest in den Blutscheiben, von denen er in der Lunge eingeathmet wird, die Kohlensäure ist mehr nur an das Blutwasser gebunden, ähnlich wie im Selterwasser. Ueberwiegend ist sie in dem von den Haargefäßen zum Herzen fließenden Venenblute enthalten, welches daher — wie man z. B. beim Aderlassen, Schröpfen sieht — heidelbeerartig, bei längerem Stehen an der Luft durch Sauerstoffaufnahme heller wird. Ddgegen ist das aus einer angeschnittenen Pulsader spritzende Blut von Haus aus hellroth, weil es Sauerstoff führt, die Farbeveränderung, die das gelassene Venenblut an der freien Luft erfährt, schon in der Lunge durchgemacht hat. Gleichwohl ist die gewöhnliche Lehre, Venen- und Arterienblut unterschieden sich dadurch, daß jenes Kohlensäure, dieses (nur) Sauerstoff führe, dahin zu berichten, daß auch das Arterienblut stets Kohlensäure führt, nur allemal in verhältnißmäßig geringer, immer aber doch in solcher Menge, daß sie bei nur mäßiger Stockung des Verbrennungsprozesses Heizerscheinungen hervorruft. Sitzen wir z. B. in einem heißen Concert-, Theater-, Ballraum, deren schlechte Luft uns den „Athem benimmt“, weil sie zu heiß und sauerstoffarm, so bekommen wir glühende Wangen, indem die in den Arterien stockende Kohlensäure unsere Nerven und Gewebe stärker als gewöhnlich reizt. Die in den Venen angehäufte Kohlensäure dagegen wirkt mehr ermüdend, wohl auch brechenerregend z. B. in einem geschlossenen, stark besetzten Wagen, wo das Uebelbefinden keineswegs etwa vom „Rückwärtssitzen", sondern von der Stockung der Kohlensäure kommt. Im offenen Wagen wird man einen solchen Zufall nie erleben.

Während so die Rolle der Blutscheiben dahin geht, den Sauerstoff zur Verbrennung aufzunehmen und bis in die Haargefäße zu tragen, kommt dem Blutwasser eine Eigenschaft zu, welche den Wärmebildungsvorgang etwas complicirter gestaltet als beim gewöhnlichen Ofen, ihn aber auch zu Leistungen befähigt, die ihn weit über seine todten Nebenbuhler erheben, wenn nur der Mensch selbst es versteht, die Natur zu leiten und zu üben.

Drittes Capitel.

Blutwasser und Ausdünstung.

Wenn wir an kalten Tagen gegen die Fensterscheibe hauchen, so beschlägt sie sich, beim Frostwetter sieht man den Hauch in der bloßen Luft und an Bart und Schleier friert er an. Im Ganzen besteht er aus Kohlensäure, die als Gas vom Blutwasser entwich (s. später Cap. 7) und aus Wasser, d. h. unmittelbar als solchem ausgedünsteten Blutwasser. Das Ganze dieses ausgehauchten Abgangs gesammelt und gemessen, würde in der Stunde eine Menge von 20 Gramm betragen.

Wie man im Winter von stehenden Pferden Dampfsäulen aufsteigen sieht, so „dampfen" auch wir Menschen und nach dem Bade kann man dies sehen, wenn das Zimmer nicht sehr warm ist. Für gewöhnlich geschieht es in unmerklicher Weise, legen wir aber einmal einen wasserdichten Mantel mit der Gummifläche nach innen an und gehen darin, so zeigt sich letztere sehr bald mit Wasser beschlagen. Viele Menschen auch bekommen, wenn sie enge Schuhe oder Gummi-Galoschen tragen, nasse Strümpfe, wie es richtiger statt „nasser Füße" heißt. Ist es heiß und bewegen wir uns stark, so tropft alsbald Wasser von der Stirne, perlt auf den Handtellern, dringt durch die Leibwäsche u. s. w. Dies sind die Erscheinungen der Hautausdünstung, Perspiration — in höherem Grade Schweißbildung oder Transpiration genannt. Gleich dem Lungenhauche besteht sie im Wesentlichen aus Wasser, welches aber noch verschiedene Salze und Spuren von Kohlensäure ausführt. Die Menge beträgt gut 4 mal so viel, in 24 Stunden 5—800 Gramm.

Der ganze Proceß der Ausdünstung, den wir vorläufig nur in der Richtung der Per- und Transpiration in's Auge fassen, steht zum Körperhaushalt in einer Beziehung, welche ihn zum Mittelpunkt des ganzen Wohl- oder Uebelbefindens erhebt.

Wohl die älteste wissenschaftliche wie populäre Form der Krankenbehandlung ist die schweißtreibende und noch heute wird Eintritt der „Schweißkrise" allenthalben als gutes Zeichen — die Unfähigkeit, in Schweiß zu gerathen, als schlechtes Zeichen betrachtet. Auch wenn uns unter gewöhnlichen Umständen fröstelt, wünschen wir Schweißausbruch herbei, und wenn's dazu gekommen, fühlen wir uns erleichtert und freier athmend. Es ist uns zu Muthe wie einem Ofen, in dem bisher das Feuer nicht in Gang kommen wollte, sei's daß die Röhren verstopft waren oder die Esse kein Feuer annahm. Falsch ist es, solch' fröstelndes Unbehagen auf „Erkältung" von außen zu schieben und sich etwa durch wärmere Kleidung oder stärkeres Einheizen zu helfen. Zwar gelingt es, durch hermetischen Abschluß der Poren und Theetrinken die Krise herbeizuführen; gesünder aber als diese altmodische passive Schwitzcur ist die aktive: flotte Bewegung im Freien bis zum Schweißausbruche. Während jene ein Gefühl der Ermattung zurückläßt, fühlen wir uns hier wie neugeboren, in jeder Faser neugestärkt, wie das Jeder, der auf sich zu achten versteht, schon oft erfahren hat.

Wie lebenswichtig die Hautausdünstung, lehrt eine unter Papst Leo X. passirte Geschichte: Dieser ordnete nemlich bei einem Kirchenfeste die Mitwirkung eines kleinen Mädchens an, welches einen Engel darstellen mußte und zu dem Ende ganz und gar mit Goldschlägerhäutchen überzogen wurde. Wenige Stunden nach Beendigung der Ceremonie war das Kind eine Leiche! Damalige Unkenntniß erblickte in diesem Ereigniß ein übles Vorzeichen; heute finden wir es ganz natürlich, nemlich durch völlige Unterdrückung der Ausdünstung herbeigeführt.

Im Zusammenhange der Ofentheorie stellt die Ausdünstung eine zweite Form der Wärmeabgabe oder Abkühlung dar, welche zu der ersten, schon beschriebenen, (Kap. 1) der Strahlung hinzukommt. Beide vereint stellen in ihrem normalen Ablauf eine der wunderbarsten Einrichtungen des Körperhaushaltes dar: die Regelung der

Eigenwärme, darin bestehend, daß der Körper sich mit dem Maaße seiner Abkühlung unter gesunden Verhältnißen allemal so einrichtet, daß seine Wärme, mit dem Thermometer in der Achselhöhle gemessen, einen Stand von 37,5° C. aufweist.

Aber nicht blos Ausdünstung und Strahlung, sondern auch die anderen Funktionen der Wärmebildung müssen richtig von Statten gehen, wenn die Eigenwärme den Normalstand innehalten soll: wenn Magen und Lungen nicht ordentlich vorarbeiten, kommen Ausdünstung und Strahlung nicht ordentlich zu Stande. Der Schwerpunkt der persönlichen Gesundheitspflege beruht in der Fähigkeit, den dreifachen Zügel unserer Magen-, Lungen- und Hautthätigkeit stets so straff zu führen, daß Schwankungen der Eigenwärme nicht vorkommen und, wenn sie aus irgend welchem Versehen einzutreten drohen, sofort wieder ausgeglichen werden. Der römische Arzt Galen nannte den Zustand des Wohlbefindens sehr richtig Symmetrie, d. h. harmonisches Zusammenwirken der die Körperwärme zusammensetzenden Funktionen — den anderen, hervorgegangen aus Störung des harmonischen Zusammenwirkens, nannte er Ametrie als theoretische Grundlage des Krankseins. Die folgenden Abschnitte nun schreiben die Praktiken vor, welche wir zu befolgen haben, wenn wir unseren Körper bei jener „Symmetrie" erhalten wollen.

Der nachher öfter auftretende Ausdruck Ventilation, mit Rücksicht auf die Analogie mit todten Heizvorgängen gewählt, bedeutet jedesmal das Ganze der Entladung einerseits, der Erneuerung andererseits des Blutwassers und der Blutgase durch Adern, Lunge, Haut. Wir beginnen mit der Betrachtung der letzteren.

Zweiter Abschnitt.

Hautpflege.

Viertes Capitel.

Naturgeschichte des Hautorganes.

Betrachtet man seine Hand durch eine gewöhnliche Lupe von ca. zehnmaliger Vergrößerung, so sieht man eine fettig glänzende, gefurchte, mit Härchen, die aus der Tiefe kommen, besetzte Fläche: die Oberhaut, eine Art Ueberzugs, wie ihn der Töpfer am eben gereinigten Ofen durch Bestreichen mit Kienruß erzeugt, nur daß dieser lebende, mit der Fähigkeit der Strahlung die für die Verdunstung erforderliche Porosität verbindet und außerdem die Strahlung durch geringere Leitungsfähigkeit im Zaume hält; denn sie leitet Wärme viermal schlechter als Schleimhaut. Das haben wir schon alle erfahren, wenn wir durch Verletzung diese schützende Lage an einer Stelle einbüßten, daher Frieren empfanden und uns getrieben sahen, sie in Watte einzuhüllen. Die so entblößte Stelle zeigt Aehnlichkeit mit einer Schleimhaut, z. B. dem inneren Ueberzuge der Lippen und in der That stellt sie das von Malpighi sogenannte Schleimnetz dar, welches, wenn blosgelegt, gleich einer Schleimhaut dunstet. Der Leser erinnert sich aus der Mythologie, wie Apollo den Marsyas grausamer Weise durch Schindung der ganzen Körperfläche für Entwendung der von Athene'n weggeworfenen Doppelflöte strafte. Heutzutage kommt es leider gar nicht selten vor, daß ganz Unschuldige durch Feuer, das ihre Kleider fangen, in ähnlicher Weise geschunden werden, und der Leser begreift jetzt, wenn ich sage, daß solche Verbrannte meistens den — Erfrierungstod sterben. Erst kürzlich sah sich die Magdeburger Bürgerschaft durch solchen Unfall, der eine blühende Jungfrau vom Ballsaale unmittelbar auf das Sterbebette warf, in Aufregung versetzt und auf der Bühne fallen alljährlich mehrere Opfer diesem Schicksale anheim.

Was bei leichterer Verbrennung sich als Blase emporhebt, ist jene Oberhaut, eine nerven- und blutlose Schicht, die man ohne weh zu thun, aufschneiden kann. Das ausfließende Wasser ist vom Schleimnetze ausgeschwitzt. Unter gesunden Verhältnissen wird letzteres, ebenfalls durch allmählige Ausschwitzung, zum Mutterboden der Oberhaut, welche sich fortwährend abschilfert und abnutzt.

Unter dem Schleimnetze liegt ein Fettpolster, das „Unterhautzellgewebe", welches je nach seinem geringeren oder größeren Fettgehalte das „magere" Aussehen oder den sogenannten Embonpoint darstellt. Nächstdem hat es die Aufgabe, die unterliegenden Schichten vor unmittelbarem Druck oder Stoß zu schützen und wie ein Kleid warm zu halten, wie denn Fettleibige weniger leicht frieren als Magere.

Figur 4 zeigt die Reihenfolge der einzelnen Hautschichten im mikroskopisch vergrößerten Durchschnitt, welchen man sich unten an die Musculatur angeheftet zu denken hat. Erschien die Haut nach der bisherigen Schilderung mehr nur als ein lebloses Ganze, als ein Ueberzug des Körpers, so tritt sie mit den nunmehr zu schildernden Gebilden, nemlich den Drüsen, in die Reihe der lebendig arbeitenden Organe*).

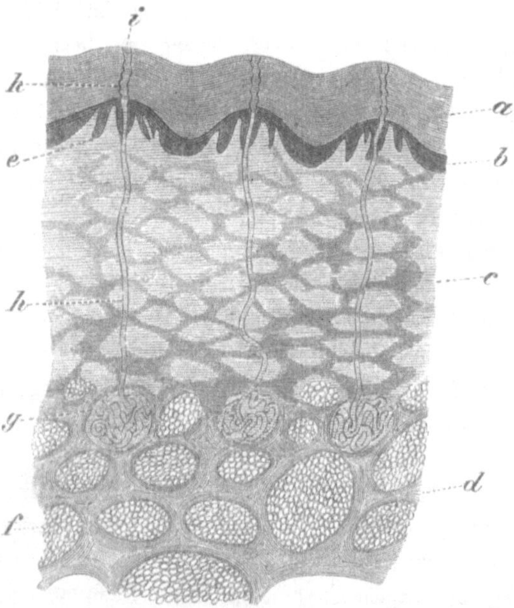

Fig. 4. Senkrechter Durchschnitt durch das Hautorgan bei 20facher Vergrößerung. a und b Oberhaut c und d das Unterhautgewebe mit f Fettzellen. g Schweißdrüsen. h Schweißcanäle. i Schweißporen (e Gefühlswärzchen).

*) Von der Schilderung der Haut als Vermittlerin des Tastgefühles muß hier abgesehen werden.

Die erste Art bilden die (auf Fig. 4 nicht sichtbaren) Talgdrüsen, welche der Oberhaut jenen eigenthümlichen Fettglanz ertheilen, indem sie beständig die sogenannte Hautschmiere absondern.

Die zweite Art bilden die Schweißdrüsen (Figur 4 h i), welche, ursprünglich Röhren, im Unterhautgewebe knäuelartig zusammengeballt, je einen korkzieherartigen Ausläufer durch die einzelnen Schichten entsenden, um sich an der Oberfläche zu öffnen und die schon beschriebene (Kap. 3.) Verdunstung zu vermitteln. Von ihrer Flächenausdehnung mögen folgende Zahlenangaben einen Begriff geben: jede Schweißröhre, in die Länge gezogen, mißt ¼ Zoll und da z. B. auf dem Handteller jeder Quadratzoll 3528 solcher Röhren enthält, so gibt dies für jeden einzelnen 882 Zoll Röhrenlänge. Da ferner die Gesammtzahl am Körper etwa 2 Millionen beträgt, so gibt die Gesammtlänge aller Schweißröhren 28 englische Meilen! — Dieses Röhrensystem nun tritt im Unterhautgewebe in Berührung mit dem gleichfalls weitverzweigten Systeme der Haargefäße, um von ihnen das Wasser zu empfangen, welches es durch Ausdünstung nach außen zu schaffen hat (vergl. Kap. 4). Dies vorausgeschickt, sind wir nun dahin gelangt, die im ersten Kapitel unter Nr. 1 enthaltene Schilderung von der Wärmeabgabe durch Strahlung durch die von der Wärmeabgabe durch Verdunstung zu vervollständigen, wobei aber zu beachten ist, daß der Schwerpnnkt derselben in das Verhalten der im Unterhautgewebe ausgebreiteten Haargefäße fällt.

Der todte Ofen leistet immer nur soviel, als sein starres Röhrensystem an Wärme ein für allemal zu schaffen und zu vertreiben vermag. Der lebende Heizapparat unseres Körpers ist darin überlegen, daß sein elastisches Röhrensystem je nach Bedarf der Wärmeregelung (vergl. Kap. 3) viel oder wenig abgibt, indem es sich je nachdem erweitert oder zusammenzieht. Diese Eigenschaft eben befähigt uns, uns jedem Klima anzuschmiegen, den heißesten Sommer wie den kältesten Winter zu ertragen, nur daß wir dabei mit Kleidung zu Hülfe kommen. Der Neger wie der Eskimo haben genau 37,5 C. Blutwärme. In der Kälte ziehen sich die Hautcapillaren zusammen und halten das Blut fest, in der Wärme dehnen sie sich aus und geben mehr Wasser an die Schweißröhren ab. Wie im ersteren Falle die Haut an der Zusammenziehung Theil nimmt, sehen wir an der Erscheinung der „Gänsehaut". Das Vermögen der Hautgefäße, sich nach Bedarf zusammenzuziehen oder zu erweitern, nennen wir die Capillarfederkraft und die Fähigkeit des Einzelnen, sich vermöge dieser Kraft jedem Witterungswechsel prompt anzupassen, Abhärtung, das Gegentheil: Verweichlichung, wobei für unser im Ganzen zur Verweichlichung neigendes Geschlecht zu bemerken ist, daß Abhärtung nicht etwa Sache der Liebhaberei, sondern heilige Pflicht eines Jeden ist, der jenen Satz versteht, daß das beste Mittel, das Leben zu verlängern, sei: es nicht abzukürzen.

Nach Alledem wird der Leser einsehen, daß richtige Diätetik des Hautorganes ein volles Dritttheil der ganzen Gesundheitspflege ausmacht.

Fünftes Capitel.

Hautschmutz. Verweichlichung.

Cleanliness is godliness.

Hat der Leser schon darauf Acht gegeben, daß er, der gewohnt ist, sich täglich wenigstens Gesicht und Hände, letztere mehrmals, zu waschen, auch bei anscheinend ganz reinlichem Tagewerk und trotz Tragens von Handschuhen jedesmal trübes Waschwasser zurückläßt? Mikroskopisch untersucht würde dieses Wasser eine Unmenge von Oberhautzellen, Härchen, Salzcrystallen und organischem Schmutz ergeben. Nehmen wir dazu die alltägliche Erfahrung, daß Leibwäsche binnen wenigen Tagen ihre saubere Beschaffenheit einbüßt und ergänzen sie durch die Thatsache, daß solche auf 100 Pfund um vier bis fünf Pfund zunimmt, wenn mit Wasser getränkt und ausgerungen, eine von Bakterien (d. h. Fäulnißthierchen) wimmelnde Flüßigkeit liefert, so folgt daraus, daß dieser Hautschmutz, wie wir ihn kurz nennen wollen, vom Körper selbst geliefert wird. Nicht nur ist es die Ausdünstung der Schweißdrüsen, sondern noch mehr die Absonderung der Talgdrüsen und die beständige Neubildung der Oberhaut, welche diese Verunreinigung enthält. Letztere liefert gewissermaßen den Schutt (wie man ihn an trockenen, blätternden Stellen wohl sieht), erstere eine Art Kitt, der den Abfall zusammenklebt, während die Ausdünstung selbst, in der Bekleidung angehäuft, jenen Dunst erzeugt, den man als „Geruch nach armen (d. h. schmutzbeflissenen) Leuten" bezeichnen hört und der auch mit der Zeit die Kleider durchdringt. Die Haare und Härchen liefern willkommene Haftpunkte und an Köpfen kleiner Kinder kann man sich oft überzeugen, wie es unter Mithülfe dieser Gebilde zu ordentlichen Krusten kommt, welche den sogenannten Kopfgrind darstellen. Der Weichselzopf ist nur eine höhere, mit Fleiß gehegte Stufe chronischer Schmutzanhäufung, welche schließlich durch bekannte Schmarotzerthiere noch belebt wird. Freilich behaupten noch heute eigenwillige Mütter, das Ungeziefer komme aus dem Blute und müsse mit Abführmitteln vertrieben werden!

Diese einfache Form des Hautschmutzes ist das natürliche Erbtheil selbst des civilisirtesten Menschen. Bei den Klassen aber, die in harter Arbeit und unsauberem Dunstkreise, wie's treffend heißt, „ihre Haut zu Markte tragen", kommt noch der äußere Hautschmutz hinzu, dessen höchste Stufe an Schornsteinfegern, Kohlenarbeitern u. dgl. sichtbar ist, von dem aber auch scheinbar reinliche Berufsklassen, zumal im Winter, durch Heizmaterial, Staub aller Art, z. B. im Ballsaale und selbst auf der Promenade heimgesucht werden. Auch bei Personen, die nicht mit Ruß u. dgl. arbeiten, sieht man häufig viele schwarze Punkte im Gesicht: das ist gewöhnlicher Schmutz, der sich an den Oeffnungen der Poren eingenistet hat und wenn er sie verstopft, den Talg wie ein Deckel abschließt, so daß die Drüse anschwillt, sich auch gern leicht entzündet, so die sogenannten Mitesser oder Finnen erzeugend, in denen man auch einen Parasiten, die Haarsackmilbe findet.

Wie selbst der gewöhnliche Straßenstaub den Ahnungslosen heimsucht, lehrt in großem Maßstabe die Apollo-Statue auf dem Theatergebäude zu Leipzig, die, erst in weißem Sandstein strahlend, längst in einen Schornstein-Feger verwandelt ist, wie denn überhaupt an dem ganzen Prachtbau von dem ursprünglichen Weiß nichts mehr zu sehen ist. Wir selbst, finden wir nicht an windigen Tagen unsere Kleidung von Staub wie besät! — an Gesicht und Leib sehen wir's nur nicht so deutlich, weil der Untergrund hellfarbig, aber bei'm Kämmen des Bartes fahren wir wie durch ein Sandkissen.

Diese Andeutungen werden genügen, um die Lehre zu begründen, daß die Haut täglich eben so gründlich gewaschen und gerieben werden muß, wie's unsere Frauen mit ihren Möbeln machen. Denn wie diese, wenn unberührt bleibend, allmählig verderben, blind, fleckig, rissig werden, so verdirbt auch unsere Haut, wenn sorglos der inneren und äußeren Beschmutzung preisgegeben.

Die üblen Folgen vernachlässigter Hautpflege treffen aber nicht blos das Organ als solches, sondern üben auf den ganzen Körperhaushalt einen nachtheiligen Rückschlag, indem sie die Wärmeregelung nach den beiden Richtungen der Strahlung und Verdunstung niederhalten.

Der Töpfer, wenn er die Reinigung des eisernen Ofens beendet, bestreicht die äußere Fläche mit frischem Kienruß, nicht etwa blos in der Absicht, daß sie hübscher aussehe, sondern aus dem tieferen Grunde, weil eine glatte Fläche Wärme besser ausstrahlt. Ebenso gibt eine gestriegelte Hautfläche mehr Wärme ab als eine unsaubere.

Zweitens wirkt Unsauberkeit *verweichlichend* (vgl. Kap. 4, Schluß), die Capillarfederkraft lähmend und damit die Schweißabsonderung zurückhaltend. Führen aber die Schweißröhren nicht genug Wasser ab, so wird der Kreislauf träge, der Verbrennungsproceß in der Blutbahn geräth in's Stocken und es kommt zu jenem in Kap. 3 beschriebenen fröstelnden Unbehagen, das der Unkundige gern auf äußere Erkältung schiebt und mit wärmerer Umhüllung bekämpft. Will man dies Wort einmal beibehalten, so ist's richtiger von einer inneren Erkältung zu sprechen und diese durch Beförderung des Verbrennungsprocesses zu heben, nemlich durch Anregung der Verdunstung. In diesem Zusammenhange wird's verständlich, wenn wir das Gegentheil der Verweichlichung, die Abhärtung durch Stählung der Capillarfederkraft zu üben vorschlagen, allgemeiner gesprochen, durch Hautpflege.

Sechstes Capitel.

Praxis der Hautpflege.

Αριστον μεν υδωρ.

„Was die Luft für die Lunge, ist das Wasser für die Haut."

Fonssagrives.

Ihre Sanktion als Lebensfrage wird der Praxis der Hautpflege gleich beim Empfange des neuen Weltbürgers, für den sofort eine Badewanne bereit steht, und welche Wirkung diese erste Reinigung auf sein Wohlbefinden ausübt, haben wir schon betrachtet (Fig. 1). Auch die heilige Taufhandlung, die von gewissen Sekten noch in Form eines Vollbades in fließendem Wasser — eine Fortsetzung des von Johannes dem Täufer eingeführten Ritus — vollzogen wird, stellt die religiöse Weise dieses Aktes der Körperpflege dar, andeutend, daß äußerliche Reinlichkeit auch auf den inneren Menschen reinigend wirkt. In der Medizin gilt seit schon Jahrtausenden das diesem Capitel obenan gestellte griechische Dichterwort: „Wasser ist das halbe Leben", ein Satz, der heutzutage zwar viel im Munde geführt, aber mit der That nur wenig befolgt wird.

Wer in Kinderstuben zu Hause ist, muß bemerkt haben, daß das Neugeborene so lange vortrefflich gedeih't, als es gebadet wird. Die Krankheiten, die später so gern auf Zahnung geschoben werden, kommen weit öfter auf Rechnung der — namentlich in kinderreichen Familien — mit der Zeit eingeschlafenen Hautpflege. Erst ist die Hebamme, dann die Wickelfrau weggeblieben. Die Mutter hat das Bad durch Waschung ersetzt, zu der sie manchen Tag nicht ordentlich kommt und schließlich geschieht's nur noch alle Sonnabend!" Sonderegger lehrt aber, daß die am ersten Lebenstage aufgenommene Gewohnheit fortzusetzen sei, bis das Kindlein das — sechzigste Lebensjahr erreicht habe! —

Im alten Rom nahm der Aermste sein Vollbad, das ihm von Staatswegen kostenfrei geboten wurde. Die alten Deutschen badeten nach Tacitus täglich „promiscue", d. h. Männer und Frauen durcheinander im Rheinstrome. Im Mittelalter hatten wir die Baderstuben, d. h. Badeanstalten, in denen mindestens Sonnabends jeder Handwerker gehalten war, sich zu reinigen. Jetzt sind aus den Badern bloße Barbiere geworden. Die Sitte ist mit Einführung der leinenen Leibwäsche in Abnahme gekommen, während die früheren Wollenhemden, da sie leichter schmutzten, das Bedürfniß reger erhalten zu haben scheinen. Trotzdem an prächtigen Badeanstalten kein Mangel ist, stellt sich statistisch heraus, daß in Städten mit 130,000 Bevölkerung kaum 100,000 Bäder jährlich genommen werden. So ist's gekommen, daß die, welche die Wirkung der Hautpflege wieder praktisch erprobten, sie auch als wichtiges Hülfsmittel der Krankenbehandlung schätzen lernten, der wasserscheuen Gesellschaft mit einer der natürlichsten Lebensregeln als Heilkünstler, sogenannte Hydropathen gegenübertreten, einen ersten Paragraphen der Gesundheitslehre als besondere „Cur" preisend! — Wurden wir nicht alle gleich in der ersten Stunde unseres Erdenwallens zu geborenen „Hydropathen" gestempelt? — Sind nicht alle Thiere, namentlich Vögel „Hydropathen", da wir sie, im Freien wie im Käfig, sich mit Begier dem Wasser vermählen sehen! — Der erste „Hydropath" unter den Aerzten war der Altvater der Heilkunde Hippocrates, aber nicht als Specialist, sondern als Universalpraktiker zählte er Hautpflege zu den wichtigsten Geboten der Krankenheilung.

Ein neuer Anlauf ist an vielen Orten mit Einrichtung römisch-irischer oder russischer Dampfbäder genommen, welche sich großen Zulaufs erfreuen. Nur bleibt zu beklagen, daß damit der Sinn für den Kern dieser Specialitäten, der ja auch uur auf Bethätigung der Hautfunktion hinausläuft, eher getrübt scheint. Man glaubt in diesen Formen Specialcuren von apothekermäßigem Charakter zu erblicken, legt das Hauptgewicht auf die Künsteleien und sonstigen Aeußerlichkeiten und verliert noch mehr die Andacht für das einfache, regelmäßig zu nehmende Vollbad. Jene zusammengesetzten Arten aber passen durchaus nicht ohne Weiteres für Leute, die bis dahin nicht einfach badeten, sondern werden für diese zu angreifenden, die Capilarfederkraft entweder überreizenden oder abspannenden Parforcecuren. Auch die medicamentösen Zusätze zum einfachen Bade, z. B. Schwefel, Eisen, Salz, sind ziemlich bedeutungslos. Ein namhafter Arzt erwiderte dem Bauer, dem er ein warmes Bad verordnete, und der nun fragte: „Was soll ich hineinthun?" — „Dich selber!" —

Moderne Cultur hilft dem Sinne für Reinlichkeit durch die Anlage von Wasserleitungen wieder auf die Beine und die Neubauten unserer Hauptstädte folgen dem Beispiele der Engländer und Amerikaner, indem sie jede Wohnung mit Badezimmer versehen. Engherzigen Verwaltungen, welche Sparsamkeit predigen, antwortet ein Engländer: „Von Verschwendung des Wassers kann überhaupt keine Rede sein, weil es dessen niemals genug gibt." Frommer Wunsch bleibt noch, daß auch den Armen diese Wohlthat zu Theil, sogenannte Familienhäuser stets mit Badezimmer versehen werden, wodurch die Armenverwaltung viel an Apothekerrechnung sparen, die Armenärzte bessere Curen machen würden. Mühlhausen im Elsaß geht den Groß-Industriellen mit trefflichem Beispiele voran, indem die Herren Dollfuß-Mieg ihren Arbeitern außer Obdach auch Wannenbäder gewähren. An der Zeit wär's, daß auch die Landleute, die jetzt durch Fabrikanlagen zu „Gutsbesitzern" avanciren, nicht nur die äußeren Formen der Civilisation, sondern auch deren innere Wahrheiten prakticirten und z. B. Liebig's Wort beherzigten, daß der Consum von Seife den Maaßstab für den Grad der

Civilisation eines Gemeinwesens abgebe. Wir selbst erweitern diesen vielcitirten Ausspruch dahin, daß wir als Maaßstab die Sorgfalt und Gründlichkeit der Hautpflege überhaupt setzen, welche, wie wir gleich sehen werden, mit reiner Wäsche in innigster Beziehung steht.

Legen wir uns die Frage theoretisch zurecht, so erfüllt Hautpflege die doppelte Aufgabe der Reinhaltung der Oberhaut und der Abhärtung des Körpers zu flotter Wärmeregelung.

Die Reinlichkeit wird bethätigt durch Reiben, Seifen an behaarten Theilen durch Kämmen und Bürsten. Reibung entfernt den Schmutz und glättet die Fläche, nachdem Seife ihn aufgelöst. Einfaches Wasserbad ist also noch kein Reinigungsbad. Die Reibung dient aber auch der Abhärtung, indem sie das Blut nach außen treibt. Sogenannte Friktionshandtücher oder Handschuhe sind empfehlenswerth. Für den zarten Kinderleib ist Schwamm und Seifenlappen geeigneter; ersterer, wenn von großem Format, dient außerdem zur Berieselung der Flächen.

Ein Umstand sei der Beachtung des Lesers dringend empfohlen, namentlich dem, der sich bei der Küchenregel beruhigt, daß es genüge, täglich Gesicht, Hals und Hände zu waschen. Die Haut zeigt nemlich die Eigenthümlichkeit, daß jedes Stückchen derselben solidarisch mit dem Ganzen das Ganze solidarisch mit jedem einzelnen Stücke ist. Die Gesichtshaut zumal ist der Spiegel des Ganzen: wie gewisse heimliche Uebel, obgleich sie die ganze Säftemasse und durch sie das ganze Hautorgan krank machen, doch an der Stirn am auffälligsten (durch Hautausschlag) zu Tage treten, so concentrirt sich allgemeine Unreinlichkeit allemal auch im Gesichte. Dies mag zum Theil damit zusammenhängen, daß die Blutzufuhr zum Kopfe eine verhältnißmäßig bedeutende, etwa 52 Procent betragende ist, wie sich denn auch innere Störungen meist am lautesten durch Kopfweh äußern. Daraus folgt, daß Unreinigkeiten im Gesicht niemals durch sogenannte Schönheitswässer oder gar durch Abführmittel, sondern immer nur durch allgemeine Hautpflege zu beseitigen sind. Letztere könnten sie durch Eintrocknung der Oberhaut sogar noch stärker hervortreten machen, weil Farbstoffe sich auf trockener, faltiger Fläche mehr zusammendrängen, als auf saftiger, gedehnter. Selbst Sommersprossen sieht man bei regelmäßig Badenden zurücktreten.

Richtige Hautpflege setzt also tägliche gründliche Behandlung der ganzen Körperoberfläche mit Nässe und Abreibung voraus, ein Recept, das unter allen Verhältnissen und zu allen Zeiten ausführbar bleibt. Das Vollbad ist aber eine angenehmere und durchgreifendere Form, daher wir ihm, wo immer es zu haben, den Vorzug geben. Auf Reisen werden wir uns an kleinen Stationen mit der Abreibung begnügen, in großstädtischen Hôtels sofort nach Ankunft die Badestube mit Beschlag belegen.

Was nun den Unterschied von kalten und warmen Bädern betrifft, so ist der landläufige Satz, daß das kalte reize, „angreife", das warme beruhige, im Allgemeinen annehmbar. Richtiger hieße es aber, das jenes erfrische, dieses erschlaffe. Die Auswahl richtet sich also nicht nach der Individualität ein für allemal, sondern nach dem Befinden des Augenblicks.

Wer etwa am Morgen nach einer durchschwelgten Nacht, schweren Kopfes, üblen Magens und schläfrigen Geistes erwachend sich rasch entschlossen in's kalte Wasser stürzt oder eine naßkalte Abreibung an sich vollziehen läßt, danach ein Stündchen spazieren geht, ist den Katzenjammer wie mit einem Schlage los. Dies kommt daher, daß durch die Schwelgerei der Heizapparat des Körpers überladen wurde, die Verbrennung in's Stocken gerieth und des Morgens einem Ofen glich, dessen Klappe halb-verschlossen und dessen Züge verrußt sind. Das kalte Bad nun hat gewissermaßen die Klappe geöffnet, die Züge gereinigt, dadurch mittelbar das Feuer wieder lockerer gemacht. In der That sind auch Uebelkeit und jenes Leergefühl, das nach „Piquantem" verlangt, aus dem Magen entschwunden und haben gesundem Appetite Platze gemacht. Kürzer gefaßt beruht die Reizwirkung des kalten Bades darin, daß es durch Entziehung von Wärme zu rascherem Wiederersatz, zu rascherer Verbrennung der Gewebe, zu neuem Essen und Trinken nöthigt.

Wasser leitet Wärme überhaupt 4 mal besser als Luft, die Gefahr der Erkältung ist also auch 4 mal größer. Kalt nennt man ein Bad von 24° R. und darunter bis etwa 16° R., die Wärmeabgabe steigt bei jenem Grade um das Doppelte, bei diesem um das Vierfache des Gewöhnlichen. Daher im heißen Sommer das Verlangen wie das Behagen bei langem Verweilen allgemein. Aber schon wenn das Thermometer einmal auf 14° R. fällt, bleibt die Hälfte der Badegäste aus. Richtiger ist, regelmäßig fortbaden, nur in kürzerer Frist und wir Leipziger Wasserfreunde finden uns auch im Winter täglich im Bassinbade mit 18 R.°

vollzählig ein, nehmen ein kurzes Reizungsbad, das unsere Capillarfederkraft so stählt, daß wir selten des Winterüberziehers bedürfen.

Entschieden falsch ist das lange „Sichabkühlen" im entkleideten Zustande, bei welchem man sich vielmehr recht ernstlich erkälten kann. In der Federnatur der Haargefäße liegt's begründet, daß sie jähen weit besser ertragen als allmähligen Uebergang. Beim langen Nacktstehen dehnen sie sich immer mehr aus, um die dem Körper durch Leitung entzogene Wärme zu ersetzen, können auch erlahmen, so daß nachher das Wasser nicht jene sofortige Zusammenziehung bewirkt, die uns bei richtigem Baden „krebsroth" anlaufen macht, zumal wenn tüchtiges Abreiben darauf folgt. Ebenso sind Knaben zu ermahnen, daß sie sich nicht zu lange baden, am wenigstens naß herumstehen, wo man sie ja meistens vor Kälte zittern sieht. Im Winter zumal darf kalt nur wenige Minuten erst getaucht dann gebraust werden. Wo kein Bassin geboten ist, hilft man sich mit einem künstlichen Brauseapparate, wie es z. B. von C. Lipowski in Heidelberg trefflich geliefert wird oder steigt in eine Wanne mit ca. 19° R., raschelt darin einige Male hin und her und reibt sich dann schleunigst tüchtig ab.

Warm heißt ein Bad von 27° R. an, welcher Grad dem der Blutwärme des Menschen entspricht, ihm also nicht mehr Wärme als für gewöhnlich entzieht. Keinen höheren Genuß gibt's, als nach einem strapazenreichen Tage, etwa anhaltendem Fußmarsche, jene Hautpflege zu practiciren, welche schon Homer beschreibt. Die Griechenhelden Diomedes und Odysseus, von einer

Recognoscirung zurückgekehrt, bei welcher sie den Rhases mitsammt den zwölf Thraciern getödtet, auch die Leiche des Spähers Dolon entführt hatten, vollführten bei der Morgendämmerung Grauen Folgendes:

„Drauf entwuschen sich Beide den vielen Schweiß, in die Meerfluth
Eingetaucht, von den Beinen, dem Hals umher und den Schenkeln;
Aber nachdem die Woge den vielen Schweiß der Arbeit
Ganz den Gliedern entspült und gelabt ihr muthiges Herz war,
Stiegen sie ein zum Bad in schön geglätteten Wannen."

Die urwüchsigen Helden begnügten sich also nicht mit dem einfachen Warmbade, sondern schickten ein Reinigungsbad in der Salzfluth — Meerwasser ist verhältnißmäßig warm — voraus, eine Gewohnheit, die zum Theil auf Rechnung des südlichen Klimas zu setzen ist. Wir nordischen Binnenländer begnügen uns mit der einfachen Form zur Abseifung wie zur Beruhigung des ermatteten Körpers, sei dies nun Folge einer episodischen Strapaze oder eines Krankenlagers. Vergleichen wir das kalte Bad mit Oeffnung der Züge, so schließen wir sie beim warmem ein wenig, mäßigen dadurch die „Zehrung". Gut aber ist's, der Beruhigung eine kurze Reizung folgen zu lassen, nemlich mit kalter Brause, wie sie ja auch den meisten Wannenbädern beigefügt ist.

Wohl zu beachten ist, daß dem Vollbade, besonders dem kalten, allemal eine tüchtige Bewegung, ein lebhafter Spaziergang, folgen muß und zwar in nicht ängstlich zugeknöpfter Kleidung, damit sich die lebhafter gewordene Ausdünstung nicht als Schweiß niederschlage, sondern nach außen entweiche.

Wer fleißig badet, erwirbt ganz von selbst Widerwillen gegen unreine Leibwäsche. Im Allgemeinen jedoch ist noch festzustellen, daß auch die künstliche Körperhülle bei der Hautpflege wesentlich betheiligt ist. Wie sie an der Durchschmutzung Theil nimmt, haben wir schon gesehen (Kap. 3). Hier ist nachzutragen, daß die Leibwäsche, wann fleißig gewechselt, die Arbeit des Schwamms und Handtuchs fortsetzt, indem sie beständig leicht reibt, wie wir das von grober Leinwand sehr deutlich fühlen. Häufiger Wechsel des Hemdes ist demnach ein recht gesunder Luxus. (Das Ganze der Bekleidungslehre s. im folgenden Abschnitt.)

Schließlich sei für das Princip der Abhärtung, dem die Gegenwart im Ganzen abhold, noch eine Lanze gebrochen mit einer Stelle aus des Philosophen J. Kant's Feder: „Ich kann der Erfahrung an mir selbst gemäß der Vorschrift nicht beistimmen: man soll Kopf und Füße warm halten. Ich finde es dagegen gerathener, beide kalt zu halten, gerade der Sorgfalt wegen, um mich nicht zu erkälten. Es ist freilich gemächlicher, sich im laulichen Wasser die Füße zu waschen, als es zur Winterszeit mit beinahe eiskaltem zu thun; dafür aber entgeht man dem Uebel der Erschlaffung der Blutgefäße in so weit vom Herzen entlegenen Theilen, welches im Alter oft eine nicht mehr zu hebende Krankheit der Füße nach sich zieht."

Dritter Abschnitt.

Athmungspflege.

Siebentes Capitel.

Naturgeschichte der Athmung.

In den Lungen cursirt beständig ein volles Dritttheil der gesammten Blutmasse und jedes Blutkörperchen passirt diese Bahn in 24 Stunden 8000 mal. Die Gesammtfläche der in einer Secunde durch die Lunge wandernden Blutscheiben würde 81 Quadratmeter, also 13 Schritt in Seite betragen. Während das Hautorgan in einer Fläche ausgebreitet liegt, ist die Lunge mit kunstvoller Raumersparniß zu einer Drüse zusammengedrängt, welche, gleich der Haut ausgebreitet, 60 bis 80 Quadratmeter bedecken würden*). „Nichts", sagt Sonderegger, „dringt so rasch und so tief zum Herzen als die Luft, welche wir athmen." In der That wär's zutreffender, an Stelle des Herzens die Lunge zum Mittelpunkte des ganzen Dichtens und Trachtens zu erheben, wie denn die Fachgelehrten sich immer

---

*) Die systematische Schilderung des Lungenbaues s. in Dr. Kollmann's Werk. Bd. XI. der „Naturkräfte". S. 219 ff.

mehr dieser Anschauung nähern, die Athmung als den Urquell des Lebens, insbesondere der Blutbewegung, das Herz mehr als ein eingeschaltetes Triebwerk, etwa ein Mühlrad, betrachtend.

Bevor wir uns der Betrachtung des eigentlichen Athemorganes zuwenden, müssen wir uns mit dessen äußerer Hülle, dem „Brustkasten", näher vertraut machen und geschieht dies in diesem Buche um so mehr an erster Stelle, als man über der Aufmerksamkeit für „Lungenkrankheiten", wie sie durch die pathologisch-anatomische Fachforschung in Schwung gekommen, den Blick für diesen ersten und wichtigsten Theil ganz verloren hat. Ich gedenke aber zu zeigen, daß der Nothstand, unter dem die civilisirte Gesellschaft seufzt, das Ueberhandnehmen der Lungenschwindsucht, ebenso sehr in diätetischer Vernachlässigung der äußeren Brust als in diätetischer Schädigung der Lunge selbst wurzelt.

Die Vergleichung mit „Zügen", mit welcher ich die Lunge einführte (Kap. 1), wird physiologisch durch die Thatsache begründet, daß sie sich wie ein Blasebalg erweitert und wieder zusammenzieht. Diese Fähigkeit nun wird hier wie am todten Blasebalg wesentlich durch die Beweglichkeit der äußeren Wand unterhalten. Mit einem Balge, dessen Holzwände caput, kann man keinen Wind machen und ebensowenig kann ein Brustkorb ordentlich athmen, wenn seine Wandungen schwach, lahm, zu eng sind. Während also die Hautthätigkeit in einfacher Abgabe von Wärme und Dunst besteht, setzt sich die Lungenventilation, wie wir's kurz nennen wollen, aus einem äußeren und inneren Mechanismus zusammen.

Der erste Anstoß zum Athemholen, das Einathmen, geht vom Brustkorbe aus; verglichen wir ihn vorhin mit einem Blasebalge, so können wir jetzt auch das Bild einer Spritze anziehen, welche durch Zurückziehen des Stempels gefüllt wird. Ganz ebenso geht durch automatische Bewegung das Zwerchfell (abgebildet in Dr. Kollmann's Werk, S. 229) und die unteren Rippen, später auch die oberen zurück und nach außen, so die Lunge zwingend, ihnen durch Erweiterung zu folgen, worauf die Außenluft in den durch die Erweiterung luftverdünnten Lungensackraum angesogen wird. Erst bei'm zweiten Akte, der Ausathmung, übernimmt die Lunge die Führung, indem sie sich kraft der ihr innewohnenden Elasticität zusammenzieht, wie etwa ein aufgeblasener Gummiballon, der eine Pfeife treibt. Zwerchfell und Rippen folgen mit Hinaufsteigen und Zusammenfallen, welches letztere aber nicht nach Art einer einfachen Klappe, sondern federnd geschieht, eine Einrichtung, deren nähere Kenntniß von höchster praktischer Wichtigkeit.

Wie dies bei Dr. Kollmann ausführlich beschrieben, gehen die Rippen nicht unmittelbar in den Knochen des Brustbeines über, sondern heften sich an das Mittelglied der Rippenknorpel, d. h. weiche, elastische Spangen, von denen die Rippen, wenn man sie an der Leiche durchschneidet, wie Stahlfedern emporspringen. Erst spät, am spätesten von allen Knorpeln nehmen diese Rippenknorpel knöcherne Struktur an. Aufgabe der Gesundheitspflege bleibt's, die Elasticität dieser Spangen lebendig zu erhalten, wobei besonders der Umstand beachtenswerth, daß der Ausgangspunkt der Federkraft im ersten Rippenknorpel (von oben gerechnet) gelegen ist; ist sie hier ruinirt, so ist gleichzeitig die Federkraft der übrigen und damit die Entwicklungsfähigkeit des ganzen Brustkorbes lahm gelegt; das Athmen geschieht wie das Schließen eines Schnepperschlosses, dessen Feder entzwei ist: es schnappt nur widerwillig zu. Eine Brust, deren erste Rippenknorpel beschädigt sind (wie? werden wir später sehen) ist kurzathmig, schmal, flach und bleibt es, wenn nicht rechtzeitig Abhilfe geschafft wird. Nicht selten ist die Schmalbrüstigkeit angeboren und stellt das dar, was man Anlage zu Lungenschwindsucht, später schwindsüchtigen Habitus nennt. Die Lungenschwindsucht selbst ist niemals angeboren, sondern tritt erst hinzu, wenn die sorglos sich überlassene Schmalbrüstigkeit die den ersten Rippenknorpeln zunächst liegenden Lungenspitzen in der freien Bewegung hindert.

Die nähere Einrichtung der Lungen selbst studirt man am Besten an Thieren, welche das zusammengesetzte Organ des Menschen gewißermaßen en miniature zeigen, nemlich am Wassersalamander (Triton). Hier liegen im Brustkasten zwei längliche, dünnwandige Luftsäcke nebeneinander, deren einen Fig. 5 zeigt. Unter dem Mikroskop

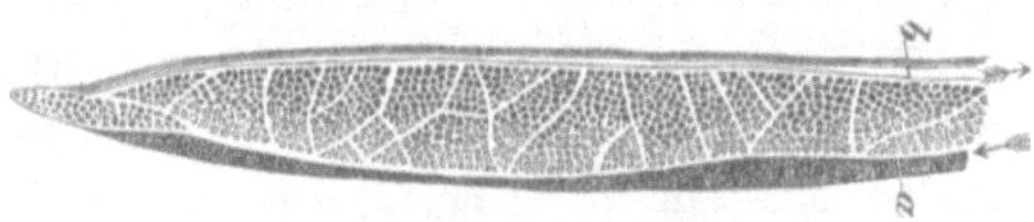

Fig. 5. Lunge des Wassersalamanders.
a. Lungenarterie, b. Lungenvene.

finden wir bei a die Lungenarterie, welche Blut zu-, bei b die Lungenvene, welche Blut abführt. Die weißen

Zwischenräume zwischen dem Lungengewebe bezeichnen kleinere Aeste und Haargefäße, die sich in einen der beiden Stämme ergießen. Die schwarze Substanz läßt sich einem Blutsee vergleichen, der bei a Zufluß, bei b Abfluß findet. Denn wie wenig die Lungenhaut ihn von der Außenwelt trennt, etwa nur wie ein leichter Gaze-Schleier, sehen wir an Fig. 6, welche bei 150facher Vergrößerung ein kleines Stückchen, des Ganzen zeigend, dem Bilde eines „See's" recht nahe kommt, ein Bild, daß sich Jeder um seine Gesundheit Besorgte recht lebhaft einprägen sollte!

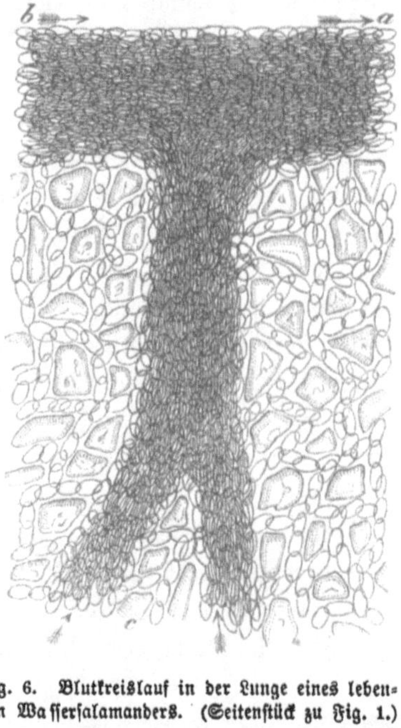

Fig. 6. Blutkreislauf in der Lunge eines lebenden Wassersalamanders. (Seitenstück zu Fig. 1.)

Man stelle sich nun dieses Bild millionenfach vergrößert vor und eingefügt in dasselbe das folgende (Fig. 7) von der menschlichen Luftröhre und ihren Verästelungen so, daß jedes Aestchen von einem Blutgefäßnetz wie in Fig. 8 umspült wird. Fig. 8 zeigt ein solches Endästchen oder „Lungenläppchen" in vergrößertem Maßstabe und 600 Millionen solcher Läppchen zusammengesetzt bilden das Ganze der an der Luftröhre wie Trauben an ihrem Stiele hängenden Lunge.

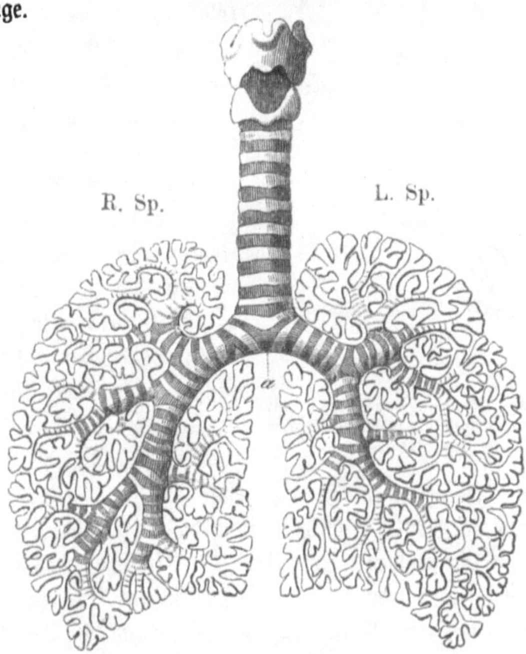

Fig. 7. Lungen- und Luftröhrenverzweigung des Menschen.

In diesen Endigungen der Luftröhre nun, einzeln „Lungenbläschen" genannt, tritt aus der eingesogenen Luft Sauerstoff zum Blute, wird Kohlensäure und Blutwasser vom Blute abgedunstet (vergl. Cap. 3). Das Wasser sieht man, wie schon bemerkt, im Hauche, die Kohlensäure läßt sich mittelbar zur Anschauung bringen. Der Leser nehme ein Fläschchen voll Kalkwasser aus der Apotheke, wel-

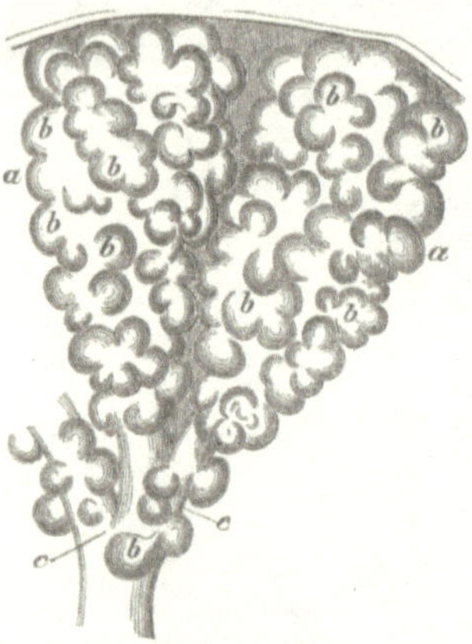

Fig. 8.
Einzelnes Bronchialästchen (cc) mit Lungenzellen (b), die zu Lungenläppchen (a) zusammentreten.

ches hell wie Brunnenwasser aussieht, stecke eine Glasröhre hinein und blase mehrmals durch diese in die Flüssigkeit: alsbald wird sie trübe und flockig, indem nemlich die ausgeathmete Kohlensäure sich mit dem Kalk zu Kreide (kohlensauren Kalk) verbunden hat — ein Experiment, welches in seiner tiefen praktischen Bedeutung in allen Schulklassen gelehrt werden sollte! — Die Menge der mit jedem Athemzuge umgesetzten Luft beträgt bei ruhigem Athmen 20 bis 25 Cubikzoll, ohne daß, wie leicht begreiflich, die Lunge leer wird; circa 170 Cubikzoll behält ein Erwachsener immer zurück. Bei kräftigem Athmen kann die ausgetriebene Menge auf 90 und selbst 240 Cubikzoll getrieben werden. Im Laufe eines Jahres werden etwa 100,000 Cubikfuß ein- und ausgeathmet, welchem 9,000,000 Athemzüge entsprechen, die mehr als 3,500 Tonnen Blutes mit Luft gespeist haben. —

Das in Fig. 5 bei a eintretende Blut hat man sich dunkelblau, das bei b abfließende hellroth zu denken, ein Farbenwechsel, der sich daraus erklärt, daß viel (nicht alle) Kohlensäure, die das Blut dunkel macht, abgegeben, Sauerstoff, der es hell macht, aufgenommen ist.

Auch gelassenes Blut zeigt dieses Farbenspiel, wenn es abwechselnd mit jenen beiden Gasen behandelt wird. Wenn nun in der Uebersicht dieser Vorgang als Beweis dafür benutzt wurde, daß eine Verbrennung stattgefunden habe, — denn die Verbindung eines Körpers mit Sauerstoff nennt man Verbrennung, Oxydation — so ist dies doch nicht dahin zu verstehen, als sei das Wesen der Athmung eine bloße Verbrennung, eine Anschauung, die leider in einseitiger Auslegung chemischer Untersuchungen sehr verbreitet ist. Vielmehr ist diese „Oxydation" nur eine physikalische Theilerscheinung, während die Werkstätte der Verbrennung, deren Resultat ja die Wärme des ganzen Körpers ist, tiefer in den Geweben und im Bereich der Haargefäße diesseits und jenseits der Lungen gelegen ist. Indem wir die Lunge als „Züge" auffaßten, haben wir dieser sogenannten, auf dieses Organ allein bezogenen Verbrennungstheorie schon vorgebeugt. Nunmehr, wo wir alle Einzelheiten kennen gelernt, erklären wir die Specialität der Lunge als solcher und im Zusammenhange mit der Wärmeregelung als einen Abkühlungsproceß, vermittelt durch die Ausfuhr von Wasser, eine Thätigkeit, in die sie sich also, wie Cap. 3 schon andeutete, mit dem Hautorgane theilt. Die Menge des ausgeathmeten Wassers beträgt in der Stunde etwa 20 Gramm; wie diese sich bei gesteigerter Lungenthätigkeit vermehrt, sieht man z. B. bei Musikanten, welche ihre Blasinsttumente öfter durch Ausziehen von niedergeschlagenem „Hauche" reinigen. In diesem Zusammenhange erscheint die Praxis derer tadelnswerth, welche sich draußen ein Tuch vor Mund und Nase halten, um sich die Lunge „nicht zu erkälten".

Wie man sieht, ist diesem Organe gerade mit Abkühlung gedient und Verfasser, wenn er Vortrag gehalten, kennt keine größere Wohlthat, als sich an's offene Fenster zu stellen und frische Luft in vollen Zügen zu athmen. Verhinderung der Lungenventilation bewirkt gegentheils Erhitzung durch mangelhafte Wärmeregelung, eine Thatsache, aus der wir im dritten Buche wichtige praktische Folgerungen ziehen werden.

Achtes Capitel.

Wie soll man athmen?

Die Lunge steht mit der Außenwelt durch zwei Oeffnungen in Verbindung, durch Mund und Nase. Ersterer dient dazu, um die Laute, die im Kehlkopfe gebildet werden, zu articuliren und hörbar zu machen, nicht aber dazu, Luft einzuholen, was bei uns zu Lande nur Wenige zu wissen scheinen. Die Beobachtung, daß Europäer gern den Mund offen halten, hat den englischen Maler und Reisenden G. Catlin veranlaßt, eine Schrift herauszugeben, die den Titel führt „Mund zu!" (shut your mouth!) und in der er, nach Engländer Manier, ausführt, wie die meisten Krankheiten der civilisirten Gesellschaft aus Nichtachtung dieser Regel entstünden. Umfassende Beobachtungen auf seinen Streifzügen durch America lehrten ihn, daß die Wilden diese Unart nicht kennen, sogar den Europäern dieserhalb den Spottnamen der „Weißmünder" (white-mouth) beilegen. Er selbst will sich jedoch durch Abegen dieser Gewohnheit von einem Lungenübel, das ihn Jahre lang gefesselt, radical curirt haben. Liegt zwar in dieser letzteren Behauptung eine theoretische Einseitigkeit, so hat *Catlin* doch im Princip vollkommen Recht und so lautet auch unsere erste Regel: *Athme durch die Nase, nicht durch den Mund!*

Der Leser wird für diese Regel noch mehr gewonnen werden, wenn ich ihm aus *Catlin's* Schrift zwei Bilder unterbreite, deren eines (Fig. 9) ein Kind, mit offenem

Fig. 9. Ein mit offenem Munde schlafendes Kind.

Munde —, das andere (Fig. 10) ein solches mit geschlosse-

Fig. 10. Ein mit geschlossenem Munde schlafendes Kind.

nem schlafend, vorführt. An beiden ist einerseits ersichtlich, wie sich auch die Gesichtszüge im ersteren Falle vortheilhafter gruppiren, andererseits, wie man die Kinder lagern muß, um ihnen, nachdem man ihnen — wie dies nach Catlin Indianer-Mütter stets thun — beim Einschlafen die Lippen zugedrückt, das Athemholen durch die Nase zu ermöglichen.

Beiläufig sei gleich die Unsitte gerügt, kleinen Kindern einen Shawl über das Gesicht zu decken, womit man ihnen nicht nur die Luft überhaupt abschneidet, sondern sie auch in die Lage bringt, ihre eigene, eben ausgeathmete Kohlensäure immer wieder zu athmen, ein Mißgriff, dessen üble Folgen im folgenden Capitel näher beleuchtet werden sollen.

Zu theoretischer Begründung dieser ersten Regel Folgendes: Wie der Mund die Eingangspforte für die Magenkost, so ist die Nase gewissermaßen der Mund für die Lungenspeise; ihre Zweitheilung dient dazu, die eindringende Luft abzumessen, ihr muscheliges, mit den Stirn- und Kieferhöhlen zusammenhängendes Innere, erwärmt und feuchtet sie an, ihr Haarbesatz hält Unreinigkeiten, besonders Staub von weiterem Eindringen ab, kurz: die Nase ist ein natürlicher Respirator, dessen Ersatz durch den künstlichen des Bandagisten Jeffrey um so überflüssiger, als dieser nur den Mund bedeckt, der ja, wie eben gelehrt wurde, mit der Athmung gar nichts zu thun hat, also von Haus aus geschlossen bleiben soll. Dr. Rohden zu Lippspringe nennt diese abscheuliche, leider noch vielfach übliche Erfindung eines Nichtarztes: „Maulkorb zur Beförderung langsamen Erstickens“, was jedenfalls für die neuerlich bemerkbare „Verbesserung“ paßt, welche den „Maulkorb“ auch über die Nase stülpt! —

Der Gaswechsel geschieht um so vollkommener, je

vollzähliger alle 600 Millionen Lungenzellen sich ausdehnen; das Aufgebot sämmtlicher Zellen nennt man das Vollathmen, ein Akt, der nur unter willenskräftiger Ausdehnung des Brustkorbes zu Stande kommt. Für gewöhnlich denken wir nicht daran, mit Willen zu athmen, sondern überlassen dies Geschäft der automatischen Thätigkeit unseres Körpers, welche sich je nach dem Tempo, in dem wir uns überhaupt bewegen, mit tieferen oder oberflächlicheren Athemzügen betheiligt. Bei ruhigem Verhalten, namentlich im Sitzen, hat das Zwerchfell zu wenig Spielraum um tief herabzusteigen und wir würden auch mit Willen nicht vollathmen können. Besser geht dies im Stehen oder Liegen. Jenes gewöhnliche Maaß, das ruhige Athmen, ist, wenn man die dabei thätigen Zellencontingente mustert, ein bloßes zweidrittel, bei anhaltendem Sitzen nur ein halbes Athmen, welches, wenn niemals oder kaum unterbrochen, die Lungenventilation und damit die Blutbildung beeinträchtigen muß, eine Reflexion, welche dem Culturmenschen nicht dringend genug an's Herz gelegt werden kann.

Betrachten wir wieder den Säugling, so erkennen wir in ihm während des Schreiaktes einen Vollathmer, den man nicht vorzeitig „stillen", sondern sich ruhig ausschreien lassen soll. „Aus vollem Halse" schreiend, wirft er Kopf und Schultern zurück, biegt den Rückgrat nach hinten, die Füße gegen die Unterlage stemmend, kurz, „mit allen Vieren" athmend.

Die Naturvölker bleiben auch über die Kinderjahre hinaus Vollathmer aus Gewohnheit, denn mit dem Jagen, Kahnen, Schwimmen, Reiten ist Aufgebot aller Lungenzellen verbunden. Bei uns dagegen gewöhnt sich das Kind gleich mit den Schuljahren an's Zweidrittelathmen und der Sinn für Vollathmen verliert sich in dem Maaße, als sitzende Lebensweise Gewohnheit und Beruf wird. Soll der Körper dabei nicht Schaden nehmen, indem die nicht geübten Lungenzellen-Contingente invalide, luftleer werden, Schleim sich in ihnen anhäuft, so muß das, was sich bei den Naturvölkern von selbst versteht, zeitweise mit Fleiß und Kunst geübt werden und so sprechen wir Civilisirte von einer

Athmungskunst oder Athem-Gymnastik, welche, wie wir schon wissen, durch Uebung des Brustkorbes vermittelt wird. Die Thätigkeit beim Vollathmen läßt sich in drei Theile zerlegen, nemlich in's Bauchathmen, Schulterathmen und Rippenathmen. Ersteres ventilirt nur die unteren Zweidrittel, bei anhaltendem Sitzen nicht einmal so viele der Lungenzellen; das Schulterathmen ventilirt die Lungenspitzen, das Rippenathmen die Lungenränder. Letztere beiden Formen thun beim Sitzen so gut wie gar nicht mit, sind überhaupt nur bei aufrechter Haltung möglich und erfordern, wenn vollständig geübt noch Begünstigung durch gewisse Gliederhaltung. Ganz besondere Beachtung verdient das Schulterathmen und sein Zweck:

Die Ventilation der Lungenspitzen.

Es ist bekannt, daß die gefürchtete Lungenschwindsucht sich allemal in den Lungenspitzen, zuerst meist in der rechten entwickelt und dies wird aus Betrachtung von Fig. 7 vollkommen erklärlich. Der Leser beachte nemlich, daß die Aeste der Luftröhre hier oben bei R. Sp. und L. Sp. ganz besonders bei ersterer, in die Höhe steigen, die frische Luft also wie um die Ecke herumgeholt werden muß, während andererseits die verbrauchte Luft und das Wasser nicht wie bei den anderen Abschnitten in die Höhe steigen, sondern ebenfalls erst um die Ecke herausgetrieben werden müssen. Hilft hier nicht die Willenskraft nach, so häufen sie sich mit dem Schleim an, der, wie im Munde, so auch in der Lunge stets abgesondert wird, auch wohl mit Staub der eingeathmet wurde, kurz die Lungenspitzen erscheinen recht eigentlich wie förmliche Müllgruben für allerhand Unreinigkeit, die mit Fleiß ausgeräumt werden müssen, wenn es nicht zu Stockung kommen soll, die mit der Zeit das Gewebe angreift und zerstört. Noch begünstigt wird dieser Nothstand durch die Verhältnisse der äußeren Umkleidung. Es liegt nemlich über dem Kegel des Brustkorbes, der die Lungenspitzen umhüllt, noch der Schultergürtel auf, d. h. jener Verein von Knochen und Muskeln, welcher die oberen Gliedmaßen, Schulter, Oberarme und Hände zusammensetzt, mit seinem erstgenannten Theile wie ein Dachstuhl auf dem Brustkorb lastend, dessen Erhebung beim Athmen hindernd entgegentritt. Ist es, wie wir im dritten Buche sehen werden, ferner zu Schmalbrüstigkeit gekommen, so werden die Lungenspitzen auch von vorn etwa wie ein Tabaksbeutel zusammengeschnürt, Kohlensäure, Schleim in ihnen ausdrücklich zurückgehalten.

Wie die Lungenspitzen leichter athmen, wenn vom Gewicht des Schultergürtels befreit, merkt man sogleich, wenn man die Arme hochhebt und die Hände über den Kopf legt: das Schulterathmen gelingt noch einmal so leicht und vollständig. Dasselbe bemerkt man, wenn man, aufrecht stehend, das Bauchathmen arretirt, indem man die Hände in die Weichen stemmt, so gleichzeitig das Gewicht des Schultergürtels in diese verlegend, eine Haltung, welche man beim Dauerlauf annimmt. Der Gürtel der Soldaten hat annähernd dieselbe Wirkung und Fraueu athmen mehr mit den Lungenspitzen, weil sie mit dem Schnürleibe, wie noch näher zu zeigen sein wird, die unteren Lungenpartieen an der Bewegung hindern.

Die praktischen Lehren, welche sich aus dieser Betrachtung für den auf sitzende Lebensweise angewiesenen Culturmenschen ergeben, sind etwa folgende:

Für die Zeit, da wir uns ruhig verhalten, kommen wir mit dem Zweidrittelathmen vollkommen aus, nur ist denen, die habituell sitzen, zu rathen, daß sie die Bewegung des Zwerchfells durch falsche Haltung nicht beeinträchtigen, indem sie sich stark nach vorne biegen, und einen Arm auf die Tischplatte legen. (Ueber das Ganze richtiger Sitzhaltung s. Buch 3.) Bei Schuhmachern, welche diesem Gewohnheitsfehler beruflich ergeben, ist Hustenplage, Brustbeklemmung u. dgl. etwas Gewöhnliches und in den Leichen solcher Handwerker findet man regelmäßig das Brustfell mit dem Brustkasten verwachsen.

Ohne Schaden ist anhaltendes Zweidrittelathmen nur zu ertragen, wenn es täglich auf mindestens eine Stunde unterbrochen und dieser Zeitraum dem geflissentlichen Vollathmen gewidmet wird. Dies geschieht am einfachsten auf einem lebhaften Spaziergange, weil die Athmung mit der Gesammtbewegung gleichen Schritt hält, am besten eine Anhöhe hinauf, wo die Lungenspitzen besonders in Anspruch genommen werden, ein Umstand, der wesentlich bei der günstigen Wirkung des sogenannten Höhenklima's betheiligt ist. Eine andere Form sind Lustübungen wie Reiten, Rudern, Schwimmen, Schlittschuhlaufen. Schon Sydenham erklärte fleißiges Reiten oder Fußreisen für ebenso wirksam gegen Schwindsucht wie die Chinarinde gegen das Wechselfieber. Hamburger Kaufleuten bekommt das Kahnen auf der Alster wie auch der weite Weg nach der vor den Thoren gelegenen Privatwohnung vortrefflich. Die Eisbahn setzt eine Vergnügungsprämie auf Vollathmen u. s. w. Im Nothfalle ist das Vollathmen in der Wohnung vorzunehmen, bei über den Kopf geschlagenen Händen und am offenen Fenster, wo es dann der Lunge ungefähr das gewährt, was dem Magen eine Hauptmahlzeit. Auch die jetzt in die Krankenbehandlung eingeführte Athmungscur (Inhalationstherapie) wirkt in der Hauptsache durch die damit verbundene Uebung im Vollathmen. Fig. 11 zeichnet jene Haltung vor.

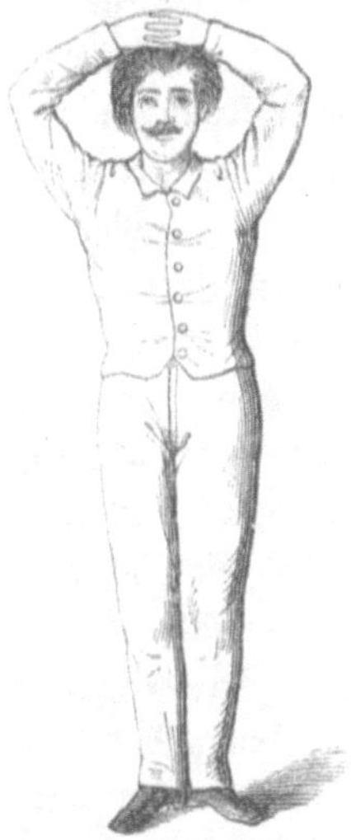

Fig. 11. Körperhaltung für Uebung des Spitzenathmens.

Zu beachten ist noch, daß schwere Kleidung oder umfangreiche Halstücher, erstere durch ihr Gewicht, letztere durch Fesselung das Lungenspitzenathmen beeinträchtigen. Besonders zu tadeln ist die Unsitte, Kinder mit einem kreuzweise über die Brust laufenden und am Rücken zugeknöpften Halstuche die Lungenspitzen förmlich an die Kette zu legen. Die neumodischen über den Rock geknöpften Pelzkragen wirken auch wie eine Zwinge auf den Schultergürtel.

Neuntes Capitel.

Was soll man athmen?

„Die Sorge für gesunde, frische Luft ist ebenso wichtig wie die für Speise und Trank und insofern noch wichtiger, als Luft mit jedem Augenblicke eingeathmet wird, während Speise und Trank doch nur zeitweilig genossen werden" — diese Worte Eulenberg's schließen eine der wichtigsten, aber am wenigsten beachteten Lebensregeln ein, daher eine eingehende Auseinandersetzung nicht zu vermeiden ist. Es gilt nichts weniger, als den Culturmenschen, der so gut wie immer mit verfälschter Athmungsluft in Berührung steht, zum Bewußtsein zu bringen, daß er seine Lunge schädigt, wenn er nicht in Bezug auf Athemspeise ebenso vorsichtig, ja Gourmand wird, wie's die Meisten in Bezug auf Magenkost zu sein pflegen. Letztere prüfen wir vor der Einverleibung mit Augen, Händen und Zunge und Mancher ekelt sich schon vor einem Pfefferkorn, einer Fliege, die hineingerathen! — Die Luft sehen und schmecken wir nicht, im Riechnerven aber hat uns die Natur ein Organ gegeben, mit dem wir sie vorher kosten, und, wenn sie uns unangenehm berührt entsetzt zurückweichen sollen. Der Gebildete hat daher auf Schärfung seines Geruchsinnes dieselbe Sorgfalt zu verwenden wie auf die seines Gaumens. Was dieser für die Speise, das ist die Nase für die Athmungsluft. Was Hautpflege für die äußere Bedeckung, das ist Feinriecherei für die Lungenzellen. Wer erstere treibt, ekelt sich vor schmutziger Wäsche, wer letztere, vor schlechter Luft. Wodurch alles die Luft verdorben wird, hat das Buch von der Wohnung zu lehren, hier geben wir vorläufig das Recept für die allein gesunde Form, welche verlangt:

1) reine Luft, d. i. solche mit dem Sauerstoffgehalt der freien Atmosphäre, nemlich 21 Procent dieses Gases, verdünnt durch 79 Procent Stickstoff, beides auch in rein gasigem Zustande, nicht aber durch Beimischung von Staub u. dgl. verunreinigt —

2) frische Luft, d. i. solche von einem gewissen Kältegrade und frei von Dünsten sowie von Gerüchen, dem Begleiter dunstigen und zu Folge dessen faulige Stoffe enthaltenen Gemisches.

Das Gegentheil nennt man unreine, verdorbene Luft. Die frische, freie ist gleich dem crystallhellen, perlenden Quellwasser, auf welches wir so große Stücke halten; unreine, verdorbene ist gleich dem trüben, abgestandenen Pfützenwasser, dessen bloßer Anblick uns mit Abscheu erfüllt. Die schlechte Luft nun in einem überfüllten, nicht gelüfteten Schlafzimmer, um diese Bemerkung dem dritten Buche vorweg zu nehmen, ist einer Pfütze gleich, aus der man tränke, denn das gewöhnliche Cloakenwasser enthält nicht mehr Zersetzungsstoffe als solche Schlafstubenluft! —

Mit Recht nennt man das Aussehen von Leuten, welche habituell verdorbene Luft athmen, stubenluftig, was aber die Wenigsten hindert, sich sorglos dieser Schädlichkeit auszusetzen. Diese Sorglosigkeit mag aus der Erfahrung entspringen, daß schreiende Unglücksfälle wie nach Kohlenoxydvergiftung noch nicht bekannt wurden, daß sogar Viele, wie man zu sagen pflegt, sich an solchen Aufenthalt gewöhnen. Treffend aber warnt Sonderegger: „die eigentlichen sogenannten Gifte sind ehrliche Substanzen, tödten schnell und man kann sich vor ihnen hüten. Die diätetischen Gifte, schlechte Luft und schlechte Nahrung, sind weit furchtbarer, sie entziehen sich dem ungebildeten Auge und ihre Wirkung ist zögernd, grausam und unabwendbar.“ Die folgenden Auseinandersetzungen werden dazu beitragen, dem Leser die Ueberzeugung von der positiven Verderblichkeit der Cloakenluft, wie wir die verdorbene, schlechte Luft fortan nennen wollen, aufzudrängen.

Um vorerst an drastischen Beispielen zu zeigen, daß Steigerung der Irrespirabilität über das gewöhnliche Maaß tödtlich wirkt, so bot ein solches die Catastrophe die sich am 2. Dezember 1848 an Bord des englischen Dampfers Londonderry ereignete: wegen stürmischen Wetters jagte der Capitän die 200 Passagiere in die Cajüte, die nur 18 Fuß Länge, 11 Fuß Breite und 7 Fuß Höhe hatte, ließ alle Luken schließen und die Thüre überdies durch einen wasserdichten Plan sperren: nach wenigen Stunden, wo es einem der Unglücklichen gelang, einen Ausgang zu forciren, waren bereits 72 erstickt, nemlich durch die von ihnen aus- und immer wieder eingeathmete Kohlensäure! Bekannter als dieser Fall ist jener andere geworden, wo der Nabob von Bengalen, Surajah Dowlah, nach Eroberung des Forts William 146 Gefangene in den „schwarze Höhle“ genannten Barackenraum des Abends einsperren ließ: am andern Morgen, wo geöffnet wurde, gelang es nur noch, 23 ebenfalls schon Halberstickte wieder ins Leben zu rufen.

Nur „schwarze Höhlen“ in kleinerem Maßstabe sind unsere Schlafstuben, Gesellschaftsräume, Concertsäle, Hörsäle, Theater! Selbst in dem neuen prächtigen Auditorium eines J. v. Liebig fand Pettenkofer nach beendigter Vorlesung 7mal mehr Kohlensäure als in der freien Luft. Dalton untersuchte die Luft eines Raumes, in welchem während 2 Stunden 50 Lichter gebrannt und 500 Personen geathmet hatten: statt daß auf 5000 Gallonen deren zwei von Kohlensäure kamen, fand sich in jedem Hundert je eine Gallone! Leblanc fand in der Luft von 3 Krankensälen Pariser Spitäler fünf-, zehn- und zwölfmal zu viel Kohlensäure. Wie mit diesem Gase die Wasseransammlung gleichen Schritt hält, lehrte der überraschende Zufall in einem Petersburger Ballsaale, den Dove berichtet: die Hitze war so unerträglich, daß Alles nach Oeffnung eines Fensters verlangte; da diese aber sämmtlich zugefroren waren, so entschloß sich ein Lieutenant, eine Scheibe mit dem Säbel zu zertrümmern; kaum hatte die Ausströmung der heißen Luft begonnen, als der an der Decke angesammelte Wasserdunst in Form eines Schneefalls herniederfiel!

Ueber die Stammkneipen des deutschen Bürgersmannes kann sich der Engländer Lewes, Biograph Göthe's, der in München lange Naturwissenschaft trieb, nicht derb genug äußern: „die Deutschen“, sagt er u. A., „sitzen stundenlang in niedrigen, überfüllten Localen, die so von

Tabaksqualm strotzen, daß man kaum Jemand erkennt, wenn man eintritt; die Luft ist von Athemexcrementen, Tabaksdampf, faulenden organischen Stoffen und Heizung durch einen eisernen Ofen so verdorben, daß es Anfangs gar nicht drin auszuhalten ist." Pettenkofer stimmt bei, wenn er in einem seiner Vorträge sagt: „Sollte die abscheuliche Luft der meisten unserer Kneiplocale, in denen sich Manche von Abend bis Mitternacht fast täglich aufhalten, etwa der Gesundheit zuträglich sein? Wer den Werth guter Luft kennt, begreift nicht, wie man solche Locale zur Erholung besuchen kann!" —

Jeder, der von draußen in solche Versammlung eintritt, verspürt augenblicklich den Athem stocken und das Gesicht heiß werden, d. h. die Lungenventilation erfährt eine Aretirung und die unterbrochene Abkühlung macht die Wärme ins Blut zurücktreten. Auch die Nase mahnt deutlich, daß hier seines Bleibens nicht sein sollte. Er verwindet's aber und wird's, wie er befriedigt findet, gewohnt. Er wird auch lebend wieder hinaustreten, aber draußen wie ein der Gefangenschaft Entronnener freier athmen. Ein neuer Wink, daß es da drinnen nicht geheuer war! — Suchen wir über jenen Scheintrost des Gewohntwerdens in's Reine zu kommen!

Gleich als man nach Entdeckung des Sauerstoffs (1774) eine positive Ansicht von dem Wesen der Luft gewonnen, ließen's die Specialforscher sich angelegen sein, die Wirkung der durch Athmung verdorbenen Luft zu studiren. Der Entdecker jenes Gases, Priestley, fand, daß Mäuse, unter einer Glasglocke eingesperrt, allmählig ersticken, neue in diese Luft gebrachte Mäuse augenblicklich sterben. Methodischer ging der neuere Physiologe, Cl. Bernard zu Werke: Ein unter eine Glasglocke gesetzter Sperling hält sich in der von ihm immer wieder geathmeten Luft etwa 3 Stunden; bringt man aber gegen Ende der zweiten Stunde, wo also die Luft noch nicht völlig verdorben, einen frischen Sperling hinein, so stirbt er augenblicklich. Wird jener erste vor Ablauf der dritten Stunde befreit, so erholt er sich alsbald wieder, um, wenn nun wieder in jene Glocke gesetzt, sofort zu sterben.

Auch hier also finden wir die Erscheinung des „Gewohntwerdens", jedoch nicht ohne daß das Versuchsthier einen Zustand sichtlichen „Uebelbefindens verräth. Und solches stellt sich auch beim Menschen ein, nur daß er sich nicht gehörige Rechenschaft gibt oder die Ursache anderswo, oft genug in vermeintlicher „Erkältung" u. dgl. sucht. Wie kommt es aber, daß Andere das Aussehen des Stubenhockers „stubenluftig" nennen? Bei officiell Eingesperrten reden wir von „Gefängnißluft" und von „Aussehen wie ein Gefangener" — aber begegnen uns nicht Freie genug, die ebenfalls „wie Gefangene" aussehen, z. B. die meisten Büreaubeamten, Schuhmacher, Schneider überhaupt alle Stubenhocker von Profession! Sehen wir auch gleich einmal nach, welchen Einfluß schlechte oder gute Luft auf Menschen übt, so starben im Dubliner Gebärhause binnen 4 Jahren von 7658 Kindern 2944; als aber die Anstalt durch Ventilation verbessert worden, starben nur 279 Kinder; mehr denn 2500 Todte oder fast ein Todtes auf 3 Geborene kamen also auf Rechnung schlechter Luft. In städtischen Armenvierteln grassirt noch immer die „Massensterblichkeit der Kinder unter 5 Jahren", d. h. solcher

Wesen, die in Cloakenluft gefangen sitzen. Ferner hat die Praxis des Gefängnißwesens gelehrt, daß bei einer Insassenschaft von 1000 Köpfen jährlich 100 starben, wogegen bei Verminderung auf 500 Köpfe die Sterbeziffer auf 25 sank.

Um nun den Sachverhalt theoretisch zu erläutern, so läuft die Wirkung schlechter Luft auf Bildung von Erstickungsblut hinaus. Der Spatz, dem es nur einmal passirte, erholte sich bald wieder; beim Menschen aber, der aus der Cloakenluft der Schlafstube in die des Schulzimmers, Büreau's, der Werkstatt, von dieser in die Kneipenluft übergeht, muß die beständig niedergehaltene Lungenventilation und Abkühlung durch die Lungen Blutbildung und Wärmeregelung ähnlich einer zu spät gehenden Uhr um einige Grade zurückschrauben. Eine Diagnose dieser Art stellen wir in der That, wenn wir von einem spießbürgerlich Lebenden sagen, er sei „Philister“ geworden oder „früh gealtert“. Gleich Anfangs stellte ich den Satz voran, daß Nichts so rasch und so tief zum Herzen dringe als die Luft, welche wir athmen. Ist es sauerstoffarme und kohlensäurereiche Luft, so stagnirt letztere im Blute und dies Kohlensäure-Blut ist es, welches jene tausendfältigen Plagen, die „Nervosität“ der Reichen wie den „Rheumatismus“ des Proletariers erzeugt, Kopfweh, Mattigkeit, Abgeschlagenheit zu landläufigen Uebeln ausbildet, in Kindern überdies Skrofelsucht, in Erwachsenen Lungensiechthum großzieht. Ein ausgezeichneter Forscher, der Russe Manassein, hat nachgewiesen, daß Anhäufung von Kohlensäure die Blutkörperchen kleiner macht, auch viele „maulbeerförmige“ (vgl. Fig. 2a), d. h. verkrüppelte, funktionsunfähige Blutscheiben erzeugt, womit die materielle Grundlage jenes „stubenluftigen" Aussehens geboten ist. Dasselbe ist gleichzeitig ein trockenes, wie sich daraus erklärt, daß ohne Sauerstoff auch kein Wasser, das ja aus Sauerstoff und Wasserstoff besteht, gebildet wird. Wasser aber bildet weitaus den größten Theil, etwa 4/5 des ganzen Körpergewichtes — eine ausgetrocknete Mumie wiegt nur 15 Pfd.; zumal für Gehirn und Nerven ist es, was die Luft für die Lungen; das Auge kann nicht ordentlich sehen, das Ohr nicht ordentlich hören, wenn nicht die feinen Nervenendigungen ihrer Sinne reichlich von Wasser umspült werden; ebenso wird jeder andere nicht gehörig mit Wasser gespeiste Nerv „verstimmt", daher Sinnesschwäche, Ohrensausen, Zwicken und Zwacken hie und da! als Endresultat aber geringe Widerstandsfähigkeit gegen schädliche Einflüsse und abgekürzte Lebensdauer. Während auf dem Lande jährlich etwa von 50 Einer stirbt, kommt in den Städten auf je 30, an Fabrikorten sogar auf je 20 schon ein Todesfall!

Besondere Beachtung aller Standesarten verdient die Schlafstubenluft, welche ja auf gut ein Drittheil der ganzen Lebenszeit unsere ausschließliche Lungenspeise bildet. Vor Allem ist die von der Pettenkofer'schen Schule festgestellte Thatsache zu beachten, daß wir schlafend weit mehr Sauerstoff in uns aufnehmen als arbeitend, uns sogar in diesen Stunden der Ruhe mit Vorrath für die Stunden der Arbeit füllen. Geht uns da aber die frische Zufuhr ab, so gehen wir schon ermüdet an's Tagewerk und so viel Sauerstoff als wir tagüber arbeitend verbrauchten, so viel nehmen wir über Nacht wieder ein — vorausgesetzt, daß er uns zufließt.

Die Vernachlässigung der Luftpflege ist die bête noire unserer Civilisation, namentlich der binnenländischen, pfahlbürgerisch lebenden Gesellschaft. Erst seit Kurzem zeigt sich ein Anlauf zur Besserung, nachdem die immer weiter um sich greifende, allen gewöhnlichen Heilbestrebungen trotzende Lungensucht auf neue Wege zu sinnen trieb und solche sich mit den immer weiter gesponnenen, die Reiselust weckenden und erleichternden Eisenbahnwegen wie von selbst erschlossen. Ich meine die sogenannten Luftcuren, deren Unterscheidung nach südlichen Klimaten, Höhencurorten, Sommerfrischen, Seeluftstationen u. dgl. ohne wesentliche Bedeutung ist. Wie man bisher z. B. Magenkranke nach Brunnencurorten schickte, so schickt man nun auch Lungenkranke nach Luftcurorten, welchen Namen auch die bisher als Molkencuranstalten geführten anzunehmen sich beeilen. Die Erfinder dieser Methode sind die Engländer, diese Touristen von Beruf, welche, im Gegensatz zu ihrem heimischen, unfreundlichen, umwölkten Himmelsstrich, den blauen Himmel und die lachenden Fluren der Riviera di Ponente als Zufluchtsstätte für hustende Schwächlinge erkiesen. Die unselbständigen Deutschen folgten dem Beispiele Albions, um erst spät einzusehen, daß es für sie ganz und gar nicht passe, in Nizza als Todescandidaten zu verweilen und so steckte man denn das Reiseziel immer kürzer: erst in der Schweiz, dann diesseits der Alpen, z. B. in Reichenhall, Aussee und heute finden wir schon im Harze, in Thüringen, kurz überall, wo romantische Gegend und heiterer Himmel lachen, Stätten, „da es dem brustlahmen Städter gut ist Hütten bauen“ — gut deshalb, weil er dort die frische, reine Luft in ursprünglicher

Fülle, gewürzt von dem Balsam der Vegetation, gekühlt vom Thau der Wälder und fließenden Gewässer, wie vom Schatten der Bäume, vom Staube durch Regenfall ausgewaschen, genießt, außerdem das, was er daheim sorglos vernachlässigt, die Lungenventilation mit Fleiß übt, auch sonst regelmäßiger und gesünder lebt. Mit Recht können Viele zur modernen Klimaheilkunde kein rechtes Herz fassen, weil sie in ihrer dermaligen officiellen Form nur der begüterten Minderheit zu Statten komme. An ihren Wohlthaten werden die Massen erst dann Theil nehmen, wenn die Wahrheit zum Durchbruch gelangt sein wird, daß man so, wie man in den Bergen 4 Wochen lebt, daheim das ganze Jahr leben müsse. Die Klimaheilkunde muß sich in eine klimatische Hygieine auflösen, welche ihren Wirkungskreis bis auf die städtischen Massenwohnungen und Lazarethe, die Schulräume und Werkstätten, die Hütten der Armuth und des Elendes auszudehnen berufen ist, ein Programm, welches der Abschnitt „Ventilation" weiter ausführen wird.

Vierter Abschnitt.

Essen und Trinken.

Zehntes Capitel.

Allgemeine Grundsätze.

„Pfleget des Leibes; doch also, daß er nicht geil werde."
Bibelspruch.

Die Gesetzgeber des Alterthumes, die, wie Moses und Lycurg gleichzeitig Leibsorger für ihr Volk wurden, hielten vor Allem auf nüchterne Lebensweise und schrieben sogar die Einzelheiten der Speisebereitung vor. Bekannt ist noch heute die „schwarze Suppe", des wegen seiner körperlichen Tüchtigkeit sprüchwörtlich gewordenen Spartaners Hauptmahlzeit. Nicht am wenigsten trägt die bis auf die Gegenwart von den Juden geübte Befolgung der mosaischen Speisegesetze zu der statistisch festgestellten Thatsache bei, daß die Glieder dieses Volksstamms durchschnittlich zehn Jahre länger leben als Nichtjuden. Welchen Einfluß aber Schlemmerei auf den Gesundheitszustand eines Gemeinwesens übt, sahen wir schon in der Einleitung am Beispiele der Römer, welche vordem weder erworbene Krankheiten noch Heilkünstler kannten. Vergebens ertönte die Jeremiade eines Seneca, das Kochbuch des Apicius wurde die Bibel derer, die „den Bauch ihren Gott sein hießen“ und das Beispiel eines Lucullus ließ es Mode werden, Essen und Trinken nicht mehr zur Stillung des Hungers und Durstes, sondern zur Reizung des Gaumens, Betäubung der Sinne und Aeußerung reichen Aufwandes zu treiben.

Unser Zeitalter ist von der professionsmäßigen Schlemmerei im Ganzen zurückgekommen, schon weil es fleißiger geworden. Sehen wir aber näher nach, so wird doch, und zwar in anscheinend ehrbarer Form, Essen und Trinken weit öfter als Selbstzweck denn als Mittel zum Zweck betrieben und die böse That der Apicier erbt in anscheinend harmlosen Gewande fort. In unseren Kochbüchern wird immer noch mehr „Science de lagueule“, wie's Dumas, dessen Schwanengesang ein Kochbuch war, nennt, als nüchterne Bereitung der Magenkost betrieben, in der Praxis gedankenlos gegessen und getrunken, wie's nun einmal Mode ist, und da, wo mit Vorbedacht gehandelt wird, namentlich bei der sogenannten Stärkungskur, zeigt sich gänzlicher Mangel gesunder Einsicht.

Das, was man „Chemie der Nahrungsmittel“ nennt, abzuhandeln, ist um so weniger meine Aufgabe, als dieser Gegenstand einem besonderen Bande dieser Sammlung vorbehalten bleibt. Nur allgemeine Grundsätze der Ernährung und der Speiseauswahl sind vorzutragen und diese stehen in nächster Beziehung zur Wärmebildung des Körpers. Wie nämlich schon (Cap. 9) angedeutet, ist die Unterscheidung von Brennstoffen oder sogenannten Respirations- und eigentlichen Nahrungsmitteln aufzugeben und jeder Bissen jeder Schluck als Heizmaterial aufzufassen. Als oberster Grundsatz ist der folgende, auch bei Dumas zu lesende, festzuhalten: „Man lebt nicht von dem, was man verspeist, sondern von dem, was man verdaut."

Unter „verdaut" hat man nun nicht etwa, wie das so häufig geschieht, das zu verstehen, was mit dem Stuhle abgeht und noch weniger darf man reichlichen, häufigen Stuhlgang als Zeichen „guter Verdauung" begrüßen. Dies wäre gerade so, als wollte man aus bedeutendem Aschenabfall schließen, daß der Ofen gut heize, das Brennmaterial viel Brennstoff führe. Im Gegentheil preisen wir die Kohle, welche wenig Abfall liefert. Ebenso ist klar, daß das mit dem Stuhlgang Entleerte vielmehr Unverdautes und Unverdauliches darstellt. Bezeichnend ist der Ausspruch eines Franzosen, daß man nicht blos mit dem Magen, sondern auch mit Armen und Beinen verdaut, was so viel sagen will, daß „verdaut" nur das heißen kann, was in Fleisch und Blut übergegangen ist. In der That findet man bei Leuten, welche nach überstandener Krankheit sich „recht stärken" zu müssen glauben, daß sie trotz des Beefsteaks immer mehr abmagern und nur viel Stuhlgang haben, mit anderen Worten: nicht verdauen, was sie genießen.

Ordentliche Verdauung hat nur Der, welcher das seiner Körperlänge entsprechende Gewicht, sowie die seiner Arbeit entsprechende Kraft bewahrt und nebenbei regelmäßig den Abfall, d. h. die unverdaulichen Speisereste von sich gibt.

Betrachten wir die Praxis des Essens und Trinkens

im Ganzen und Großen, und zwar nur im Bereiche des soliden Bürgerlebens, so ist nicht zu verkennen, daß wir allesammt viel mehr zu uns nehmen, als Bedürfniß und Gesundheit erfordern und dies liegt in unseren civilisirten Zuständen begründet. Der Naturmensch muß sein täglich Brot täglich selbst aus dem Rohen schaffen, das Wild erjagen, den Fisch erangeln, das Genußmittel frisch bereiten — uns wird das Alles und mehr fix und fertig in's Haus gebracht und nur die Auswahl macht uns Pein. Draußen winkt an jeder Straßenecke ein Büffet mit duftenden Gerichten, perlendem Trunk für wenig Geld. Selbst unsere Tagelöhner speisen in den Garküchen an Wochentagen besser als der Chan von Khiwa in seinem Palaste an Festtagen! Wir alle denken uns gar nichts dabei, wenn wir, ohne zu hungern oder zu dürsten, die Wartepause vor Abgang des Bahnzuges in einem Bierlocale verbringen, um die Zeitung zu lesen, beim Conditor etwas verzehren, um Jemanden am dritten Orte zu sprechen, ein Glas Wein trinken. Doch sind wir so sehr gewöhnt, dies Treiben als harmlos zu betrachten, daß wir, wenn es uns mal geschadet hat, eher alles Andere, meist das unschuldige Wetter, beschuldigen. Was aber Montesquieu den Parisern nachsagt, daß sie zur einen Hälfte am Soupiren, zur anderen am Diniren zu Grunde gehen, das sollten wir Alle beherzigen. „Je mehr,“ meint ein intelligenter Brunnenarzt, Rohden, „die gegenwärtige Generation, fußend auf dem unter Entbehrungen von unseren Vätern Erbauten, ihres Wohlstandes froh wird, desto mehr verwechselt sie die Möglichkeit der Beschaffung von Mitteln zu materiell besserer Lebensweise mit der Nothwendigkeit derselben.“

Nachdem schon die Einleitung an dem Beispiele des Italieners Cornaro gezeigt hat, wie die Praxis einer täglich mit Bewußtsein betriebenen Nahrungsweise einen dem Tode bereits verfallenen Körper wieder aufgerichtet und zur höchsten Altersstufe gefördert hat, sei hier die Theorie in einigen classischen Formeln dem Gedächtnisse eingeprägt. Eine der ältesten rührt aus dem Lateinischen: Modicus cibi, medicus sibi, d. h. wer mäßig lebt, braucht keinen Arzt oder, wie Cornaro schreibt: „wer wenig ißt, lebt gut." Dem gedankenlosen „Der Appetit kommt im Essen" tritt dieser Denker mit folgender Wahrheit entgegen: „Man muß mit Essen aufhören, wenn man noch eine gute Portion mit gutem Appetit bewältigen könnte" und „Was man von Speisen liegen läßt, bekommt besser, als was man noch verspeist". Den Feinschmeckern, welchen der Appetit erst durch künstliche Gaumenreizung kommt, belehrt das gute alte Sprichwort: „Hunger ist der beste Koch" und wer seinen angegriffenen Magen durch Medicamente aufzubessern wähnt, beherzige Hippel's Recept: „Das beste Mittel, gut zu verdauen, ist: einen Hungrigen zu speisen. Wirf alle deine Magentropfen zum Fenster hinaus und gebrauche dieses Mittel."

Mag der Leser sich von diesen Sprüchen den einen oder anderen aussuchen und mit größerer oder geringerer Gewissenhaftigkeit befolgen, Hauptsache bleibt die Erkenntniß, daß man von ungehörigem Essen und Trinken ebenso, ja noch öfter krank werden kann als von anderen beliebteren Ursachen, z. B. der bei jeder Gelegenheit auf den Lippen schwebenden „Erkältung". Nur vom richtigen Essen kann der Hygieiniker bestätigen, daß es „Leib und Seele zusammenhält", vom unrichtigen muß er gegentheils mahnen, daß es beide — scheide! —

Elftes Capitel.

Hunger und Durst. Chemische Theorie.

Im Anschluß an die Heiztheorie bezeichnen wir Hunger und Durst als das Gefühl, welches unseren Instinkt mahnt, daß das Feuer ausgegangen, der Ofen zu erkalten droht und daher neue Zufuhr verlangt. Der Hunger ist auf Ersatz der Stoffe bedacht, welche die Wärmestrahlung, der Durst auf Ersatz solcher, welche die Verdunstung unterhalten. Um jedoch Mißverständnissen vorzubeugen, sei bemerkt, daß der Vergleich nicht so wörtlich zu verstehen ist, wie es der thun würde, der sich den Körper wie eine Dampfmaschine vorstellte, welche durch Feuerung überhaupt erst in Thätigkeit gesetzt wird. Der Körper ist keine todte Maschine, sondern ein Organismus, die Wärmebildung nicht Ursache, sondern Folge seiner Thätigkeit. Die Dampfmaschine steht still, wenn die Feuerung aufgehört hat, der Körper fährt fort zu strahlen und zu dunsten, auch wenn Nahrung ausbleibt, doch „zehrt" er dann von dem Vorrathe, der in seinen Geweben angehäuft und zu deren gesunder Thätigkeit unentbehrlich ist, er lebt gewissermaßen vom Capital, welches mit der Zeit erschöpft wird. Genau genommen, hungert also der ganze Körper ähnlich wie wir im vorigen Capitel vom Verdauen mit Armen und Beinen sprachen, und der Magen bildet nur den Vorposten, welcher das rechtzeitige Signal gibt.

Nach Versuchen von Chossat verbraucht der Körper täglich den 24. Theil seines Gesammtgewichtes und nach Bidder und Schmidt muß ein Thier täglich wenigstens den 23. Theil seines Gewichtes in verdaulicher Nahrung zu sich nehmen, wenn es nicht abmagern soll, welche Verhältnisse im Ganzen und Großen auch für den Menschen maßgebend sind. Bei gänzlicher Enthaltung von Speise und Trank zehrt dieser sich etwa binnen 6 Tagen auf und stirbt Hungers. Es werden zwar von jeher und auch jetzt wieder aus Belgien „Wunderfälle" berichtet von anhaltendem und gut ertragenem Fasten, doch halten solche bei exakter Controle niemals Stich. Wissenschaftlich läßt sich nur zugeben, daß der Hunger bei ganz ruhigem — dem Winterschlafe gewisser Thiere ähnlichem — Verhalten und fortgesetztem Trinken über jenes Maaß hinaus ertragen werden kann. Viel thut dabei auch der Fettgehalt, denn wohlgenährte Leute vermögen länger von ihrem Vorrathe zu zehren als magere und so sehen wir die Haselmaus ihren Winterschlaf erst dann antreten, wenn sie sich ordentlich gemästet hat. Menschen, die aus Lebensüberdruß oder Irrsinn Speisen consequent verweigerten, haben niemals länger als 3 Monate gelebt.

Zu den größten Fortschritten der wissenschaftlichen Forschung gehört die durch die Liebig'sche Schule geschaffene Kenntniß von dem „Nährwerthe" der einzelnen Speisen und Getränke und die Resultate dieser Untersuchungen sind Dank der beliebten Popularisirung der Fachwissenschaften sehr rasch Gemeingut Aller geworden, hier um so rascher, als die scheinbare Leichtfaßlichkeit der chemischen Formel jedem Hans und Kunz den Schlüssel in die

Hand drückte, den er, ohne selbst etwas zu denken, ins Schloß führte und die Thüre zum Innern that sich auf! — So ist es gekommen, daß diese Errungenschaften vorläufig in der Praxis mehr Mißverständniß als Segen gestiftet, einen theoretischen Chemismus in die Praxis eingebürgert haben, gegen den offen anzukämpfen bis jetzt der einzige Engländer Lewes, der Biograph Göthe's, der in München Medizin studirte und begeisterter Schüler Liebig's geworden, den Muth gehabt hat, nemlich in seiner „physiology of common life“, ein treffliches Buch, welches mir manche werthvolle Materialien lieferte. Der Vorwurf trifft ja auch nicht den genialen Schöpfer, sondern die Epigonen, welche nur zusammenschlagen, aber nicht läuten gehört haben, auch manche Sätze geradezu umkehrten. Um nur ein Beispiel vorzuführen, so heißt Fleischbrühe allgemein ein concentrirtes Nährmittel, während doch die Fachchemiker sie ausdrücklich nur als Reizmittel empfohlen haben!

Was die Frage im Allgemeinen betrifft, so ist es falsch, den von den Chemikern festgestellten Nährwerth gleich einem Rechenexempel in die Praxis umzusetzen oder gar nach dem Satze zu handeln: „nur Fleisch gibt Fleisch“ — man erinnere sich nur, daß eine Locomotive, die aus Eisen besteht, nicht mit Eisen, sondern mit Kohle gespeist wird und daß ganze Thiergattungen die stärksten Knochen und Muskeln besitzen, ohne jemals einen Bissen Fleisch zu sich zu nehmen. Ueberhaupt ist niemals der chemische Nährwerth, sondern die Assimilationsfähigkeit des Einzelnen maßgebend, die Frage nach der Verdaulichkeit und Nährkraft einer Speise also niemals nach absolutem, sondern nach relativen Maaßstabe zu entscheiden, nämlich nach dem individuellen, welcher aber auch nicht ein für alle Mal feststeht, sondern je nach Zeit und Befinden wechselt. Treffend sagt ein alter Spruch: „Was dem Grobschmied bekommt, frommt dem Schneider nicht," ein Canon, dem ich meiner nachher folgenden Uebersicht der Nahrungsweisen unbedenklich zu Grunde lege. Zunächst scheint eine Verständigung über Auswahl und Mischung der Speisen überhaupt geboten.

Zwölftes Capitel.

Gemischte Kost.

Wie schon angedeutet, geht bei uns die Meinung um, daß Fleisch das vornehmste und kräftigste Gericht sei, welches auf der Tafel keines halbwegs Gutgestellten fehlen, auch zum Frühstück und Abendbrod den Hauptimbiß liefern müsse. Uebersehen wird dabei, daß es ganze Völkerstämme gibt, welche, wie die Hindu's und Araber, nur von Pflanzenstoffen leben und daß auch bei uns gerade die am härtesten Arbeitenden nur selten in der Lage sind, sich Fleischspeise zu gönnen. So scheint es als ein Zeichen der Zeit, wenn aus unserer Mitte heraus eine Minorität, die Vegetarianer, sich gegen die regelmäßige Fleischkost erhebend, bekennen, daß sie zu ihrer Ernährung des getödteten Thieres nicht bedürfen, überhaupt den Menschen als ein frugifores (pflanzenspeisendes) Wesen auffassen, ein Satz, der von dem Führer dieser Bekenner, E. Baltzen, mit großem Scharfsinn durchgeführt wird. Ich selbst, mit Vegetarianern, Männern von Bildung und Geist bekannt, habe so den leibhaftigen Beweis vor Augen, daß man ohne Fleischkost existiren kann, muß übrigens nebenbei bezeugen, daß diese Männer gleichzeitig Muster in Haut- und Lungenpflege sind. Mit einem Graham-Brote in der Tasche vermögen sie 10 Meilen en suite zu marschiren, und ihren Kindern sieht man keinen Mangel an, doch finde ich die Erwachsenen mager und farblos aussehend. Nach reiflicher Prüfung kann ich mich nicht entschließen, das Gelübde voll zu theilen, sondern nur zugeben, daß der Mensch ohne Fleischnahrung auskommen kann, aber — so schließt Pettenkofer eine gleiche Betrachtung — „fragt mich nur nicht, wie?" Einseitig finde ich's auch, die Frage nach bloßen zoologischen Gesichtspunkten zu entscheiden, erblicke hier vielmehr eine Culturfrage, in der historische Beweise ebenfalls mitreden, z. B. gleich das Bibelwort, welches den Menschen zum Herren der ganzen Schöpfung einsetzt und damit aus Wesen, welche nur auf Fütterung bedacht sein sollen, solche macht, die vielseitig genießen dürfen. Uebrigens sind auch die Vegetarianer der Verführung, Schleckerei zu begehen, nicht entrückt: ein gewisses Vegetarianer-Kochbuch enthält über 300 Recepte.

Alles in Allem genommen entscheidet sich also die Gesundheitslehre für gemischte Kost, d. h. einer aus dem Pflanzen- und Thierreiche abwechselnd gewählten, der ersteren, einschließlich Milch, Eiern, Butter u. dgl. mittelbar dem letzteren entstammenden, zu etwa Zweidrittheilen den Vorrang einräumend. Hiezu kommt noch das Kochsalz als ein bekanntlich für die Ernährung unentbehrlicher Zusatz.

Diese Vorschrift stimmt auch mit den Regungen des wahren Appetits überein, denn während wir im Stande sind, Brod, Gemüse, Obst, Butter u. s. w. täglich gern zu genießen, stellt sich gegen Fleischspeisen sehr leicht Widerwillen ein. Genesende namentlich, die man nach der üblichen Stärkungstheorie mit Braten, Wurst u. dgl. behelligt, empfinden bald einen wahren Ekel dagegen.

Dreizehntes Capitel.

Getränke.

Wenn die Vegetarianer auch geistige Getränke, Caffee und Thee meiden, so muß ich ihnen dieses gute Beispiel höher anrechnen als die Enthaltsamkeit von Fleischgenuß. Die bei ihnen gebotenen Getränke nämlich, Wasser, Milch, im weiteren Sinne auch Obst, sind die einzigen, welche zum gewohnheitsmäßigen Gebrauche als gesund gelten können, während jene anderen Genußmittel darstellen, die als solche nur ausnahmsweise erlaubt sind. Wasser, um nur bei diesem zu bleiben, verdünnt das Blut, macht die Blutscheiben größer und den Blutlauf schneller; wie lebenswichtig es überhaupt ist, sahen wir schon bei Besprechung des Hungertodes, der durch Wassertrinken weit hinausgeschoben wird. Indem es ferner zur Bereitung der meisten Speisen unentbehrlich ist, wird es mit Recht als unser Hauptnahrungsmittel bezeichnet. Angesichts dessen ist die Culturgewohnheit zu rügen, welche übersieht, daß *kein Wasser Trinken positiv ungesund ist*. Der weitaus größte Theil der Städter betrachtet es als plebejisch, wenn z. B. in Hamburg, wo überall für treffliche Brunnen mit Trinkbechern gesorgt ist, der Vorübergehende einen Labetrunk thut. An öffentlichen Orten, an der Table d'hôte darf man kaum wagen, ein Glas Wasser zu verlangen und das, was etwa zur Hand ist, rührt man, weil ungenießbar, nicht an. Dürstet's einen daheim, so greift man eher zu einem Glase Bier, Wein oder einen Liqueur, und auch wenn man nicht mehr dürstet, fährt man fort, dem *Gambrinus* oder *Bachus* zu huldigen. Die Einrede, daß das Brunnenwasser häufig schlecht sei, ist nicht stichhaltig, denn die Cultur gebietet über Mittel, es genießbar zu machen. Nur der Sinn fehlt uns, die alltägliche Gabe zu schätzen, doch können wir diesen von den Amerikanern lernen, welche daheim wie im öffentlichen Leben stets für solchen frischen Trunk sorgen; nicht nur an der Table d'hôte, sondern auch im Eisenbahn-Coupé ist stets frisches, kaltes, im Sommer Eiswasser zu haben. Doch hat der neue Handelsminister in Preußen die segensreiche Einrichtung getroffen, daß wenigstens auf jedem Bahnhofe ein Brunnen aufgestellt ist und hier, nicht am Bierbuffet ist die Quelle der Erfrischung für den Reisenden, zumal für Kinder.

Ein bedeutender Fortschritt wär's, wenn wir, wie im Essen und in Genußmitteln, so auch im Wasser Feinschmecker würden. Die bis jetzt gewöhnliche Manier, es mit Zucker zu versetzen, ist nichts weniger als harmlos, denn Zuckerwasser schlägt keineswegs nieder, wie's gewöhnlich heißt, sondern wirkt, da es reines Kohlenhydrat enthält, erhitzend. Andere glauben in dem jetzt im Uebermaaße producirten künstlichen Selterswasser ein Surrogat zu finden, übersehen aber, daß die im „Syphon" reichlich enthaltene Kohlensäure in's Blut übergeht und betäubend wirken kann, besonders auf fettleibige und ältere Personen.

Wesentlich ist nur: reine und frische Beschaffenheit; erstere kann, wenn nicht ursprünglich vorhanden, durch Filtration mit Kohle bewirkt werden und ein Kohlenfilter sollte in keinem Haushalte fehlen, der mit seinem Bedarf auf Flußwasser angewiesen ist. Die Frische wird durch Beisatz von Eisstückchen erzielt und wer den Genuß eines Trunkes Eiswassers nicht kennt, ist kein echter Feinschmecker. Der Eishandel ist bei uns bereits so in's Detail gewachsen, daß dieser im Sommer für die Gesundheit unentbehrliche Stoff auch dem Minderbegüterten täglich zugänglich ist. Eiswasser ist auch das beste Mittel, um krankhaftes, unzeitiges Hungergefühl zu stillen.

Jenes Pindar'sche Wort „Wasser ist das halbe Leben", mit willkürlicher Einseitigkeit von den Badeanstalten mit Beschlag belegt, gilt von Haus aus auch dem innerlichen Gebrauche dieses Elementes. Jedenfalls ist es hohe Zeit daran zu erinnern, daß Bier, Wein, Caffee und Thee Genußmittel — nicht Nährmittel sind, und ihr gewohnheitsmäßiger Gebrauch um so schädlicher wirken muß als er sich mit Abneigung gegen Wassertrinken zu verbinden pflegt.

Wenn Homöopathen gewürzlosen Cacao u. dgl. als „Gesundheitscaffee" empfehlen, so ist zu bemerken, daß das „Gesunde" nur in der Enthaltsamkeit vom reizenden Caffee liegt.

Vierzehntes Capitel.

Kindernahrung.

Ist es schon bedauerlich, daß viele Erwachsene gegen Milch von wahrem Abscheu erfüllt scheinen, weil sie ihren Magen an Reizung durch Genußmittel gewöhnten, so muß vollends für Kinder bis etwa zum 3. Jahre dieser Stoff, mit Sonderegger zu reden, als „die von Gott verordnete Nahrung" strengstens in Ehren gehalten werden, ein Satz, der um so dringlicher zu predigen, als auf der einen Seite vorzeitige Entwöhnung und berechtigte Abneigung gegen Ammenhaltung, auf der anderen Preissteigerung und Verfälschungssucht immer mehr um sich greifen. So wird die Mutterwelt, die ebenfalls schon chemische Theorie treibt, immer geneigter, nach künstlichen Ersatz- oder ungeeigneten Nahrungsmitteln zu greifen, die Kinder, die sie zu „stärken" vermeint, zu verfüttern. Was gleich die „condensirte Milch" betrifft, so ist der Fortschritt der Technik, den sie bezeichnet, und die Aushilfe, die sie für den Fall der Noth gewährt, nicht zu unterschätzen — ein Kind aber für gewöhnlich damit füttern, während natürliche zur Hand ist, hieße ebensoviel als die frische Bäckerwaare für Erwachsene abschaffen und von Schiffszwieback leben. Noch immer sind wir in der Lage, uns gute Kuhmilch vom Lande zu verschaffen und die Bedenken, daß solche „durch's Fahren gelitten" oder „von vielen Kühen zusammengegossen", sind mehr Ausreden als wirkliche Gründe. Gemischte Milch ist bei heutiger Fütterungsmethode der „von einer Kuh" sogar vorzuziehen. Die stopfende Wirkung, die bei Säuglingen mit Recht geltend gemacht wird, hebt man durch Zusatz von je einem Theelöffel voll Milchzucker zur Flasche. Scrupulöse Reinlichkeit mit den Mundstücken (Säugern) ist natürlich unerläßlich.

Ein Krebsschaden der von Alters her an deutscher Kinderhaltung zehrt, ist die Mehlbreifütterung, trotzdem dagegen schon seit 100 Jahren von angesehenen Aerzten geeifert wird. Mehl ist für ein Wesen, daß nicht mit Zähnen arbeitet und Speichel dazu gibt, wahres Gift und der größte Theil der berüchtigten Kinderdurchfälle ist durch diese Kost verschuldet. Die Skrophelsucht wird weiter dadurch gezüchtet, daß man die kleinen Kinder am Tische der Erwachsenen, an Kartoffeln u. a. theilnehmen läßt. Den Durchfall aber mit den fremdländisch klingenden, noch schwerer verdaulichen Mehlsorten des Arrowroot oder Salep behandeln, heißt Oel in's Feuer gießen! Auch mit Säften, Fleischbrühe, Eigelb, Wein, wird den Kindern sowohl der Magen verdorben als Fieber beigebracht und vom geschabten, rohen Rindfleisch, das schwerer verdaulich als zubereitetes, können sie überdies Bandwurm bekommen.

Ausschließliche Milchdiät, fleißige Hautpflege und Lungenventilation sind allein geeignet, die Kinder gesund und kräftig zu ziehen, auch vor Zufällen bei der Zahnung zu bewahren. Anti-Thierquälervereine erscheinen so lange verfrüht, als wir keine Anti-Kinderquälervereine besitzen! —

Die folgende Uebersicht gilt für die Ernährung Erwachsener.

Fünfzehntes Capitel.

Leicht- und schwerverdauliche Kost.

Wenn ich mich auch dagegen verwahrte, den lebenden Körper mit einem todten Heizapparat identificirt zu sehen, so bietet doch maaßvolle Vergleichung der Ernährung mit der Technik der Ofenheizung eine treffliche populäre Methode zur Verständigung. In diesem Sinne schicke ich Folgendes zur Orientirung voraus.

Holz brennt in jedem, auch dünnwandigen Ofen schlank weg, entwickelt flüchtige Wärme, greift Wände, Platten und Röhren wenig an, setzt wenig Ruß ab, hinterläßt verhältnißmäßig geringen, auch reinlichen Aschenabfall.

Kohlen kommen ohne „Anmacheholz" kaum in's Brennen, geben helles Feuer nur bei gutem Luftzug, greifen Wände, Platten und Röhren mit der Zeit an, setzen weit mehr Ruß ab als Holz, hinterlassen verhältnißmäßig bedeutenden, auch unreinlichen Aschenabfall.

Von Braunkohlen gilt dies in niederem, von Steinkohlen, die bekanntlich auch die Zimmergeräthe ruiniren, im höchsten Grade.

Betrachten wir die Verhältnisse von der andern Seite, so verträgt ein Blechofen für gewöhnlich nur Holzfeuerung, wogegen Kohlenfeuerung nur für schmiede- oder gußeiserne Oefen paßt, welche um so massiver und größer sein müssen, je anhaltender sie gefeuert werden.

In der Praxis freilich wird meist nicht nach diesen Grundsätzen gehandelt, aber eben darum hat man täglich Gelegenheit, gesprungene, rissige Platten und Röhren, rauchende Essen u. dgl. zu sehen. Doch der Ofen ist bei der Heizung nur Mittel zum Zweck und kann jederzeit durch einen neuen ersetzt werden, bei der Ernährung aber ist der Heizkörper Zweck, eine Theorie, die um so durchführbarer bleibt, als wir im Stande sind, einerseits unsern Bedarf durch Gewöhnung auf ein gewisses Maaß zurückzuführen, andererseits durch Kleidung nachzuhelfen.

Unser Körper ist aber auch weit vielseitiger als der gemeine Ofen, denn wir haben es in der Hand, ihn als Blech- oder massiven Ofen zu behandeln, wenn seine Anlage danach ist, oder, wie's gewöhnlich heißt, wenn er's verträgt — was recht eigentlich den Kern dessen ausmacht, was man „seine eigene Natur kennen" nennt, — und weise Vorsicht in diesem Stücke, täglich und stündlich geübt, ist oberstes Gesetz der Kunst, lange, gesund und fröhlich zu leben. Folgende Sätze sollen im Allgemeinen die leitenden Gesichtspunkte vorzeichnen, deren Ausführung je nach Individualität und Gelegenheit eigener Körperkenntniß und Klugheit überlassen bleiben muß.

I. Der Körper zehrt um so mehr Wärme, je stärker er arbeitet und je kälter die Außenluft — um so weniger, je weniger er arbeitet und je wärmer die Außenluft. Im ersteren Falle mag also mehr geheizt, im letzteren muß vor Ueberheizung gewarnt werden.

Schätzen wir die Nahrungsmittel nach ihrem Heizwerthe ab, so entspricht Fleischkost im Allgemeinen der Kohlenfeuerung; Pflanzenkost erfordert je nach ihrer natürlichen-Abstammung einerseits und ihrer Zubereitung andererseits eine Spaltung, indem die leichten Vegetabilien der Holzfeuerung, die schweren der Kohlenfeuerung entsprechen. Zu ersteren rechnen wir u. A. Reis und Weißbrod, zu letzteren Hülsenfrüchte, Kartoffeln und Schwarzbrod. Zusatz von Fett (Saucen) oder Zucker steigert jede Art Kost zu schwerer, also zu Kohlenfeuerung. Schweinefleisch, Speck, fette Wurst gehören von Haus aus zur Steinkohlenfeuerung.

In heißen Ländern sehen wir die Bewohner sehr vorsichtig mit Fleischkost umgehen, die Mehrzahl sich mit Maccaroni (in Neapel), Reis (in Indien) begnügen und es ist bekannt, daß der an schwere Kost gewöhnte Nordländer dort leicht, namentlich an Ruhr, erkrankt, wenn er mit gutem Essen fortfährt.

II. Sitzende Lebensweise verträgt nur leichte Kost: wenig und mageres Fleisch, leichte und mit Salz gekochte Pflanzenkost, Weißbrod. Arbeitende Lebensweise verträgt schwerere Kost, Fett, Kohlpflanzen, Roggenbrod — in höheren Stufen auch Speck, Hülsenfrüchte und Kartoffeln.

Dieser Satz ist nur eine theoretische Umschreibung der schon aufgeführten Bauernregel: „Was dem Grobschmied frommt, kann den Schneider umbringen.“ So bleibt insbesondere der Brauch bedauerlich, daß die Kartoffel, die von Rechts wegen nur ein Beigericht, die Hauptkost der sitzenden Gewerbeclassen, einschließlich deren Kinder, bildet. Vollends verwerflich ist die landesübliche Mahlzeit nach dem Recepte „Alles in einen Topf“, z. B. Fleisch, Bohnen, Kartoffeln mitsammen abgekocht. Ersteres ist nemlich alsdann so von seinen nährenden Bestandtheilen ausgesogen, daß nur die saftlose und so gut wie unverdauliche Fleischfaser übrig geblieben, welche Magen und Darm unnütz belästigt. Ueberhaupt ist die deutsche Suppenesserei ein Zopf, der recht bald bei Seite gelegt werden sollte, denn einmal ist ihre Nährkraft nur eine sehr unbedeutende und dann verdirbt sie durch Ausdehnung des Magens den Appetit für das Folgende. Bei Ausländern herrscht bekanntlich die Sitte, Suppe zum Nachtisch aufzutragen. Was die Eintheilung der Mahlzeiten überhaupt betrifft, so erlaubt

III. Sitzende Lebensweise nur eine einmalige Hauptmahlzeit und begnügt sich im Uebrigen mit Milch, Weißbrod, Butter, einem Imbiß zum Frühstück („lunch") und kalter Küche zu Abend.

Wiederum ist die Unsitte, auch bei den besseren Ständen zu tadeln, daß Abends eine Schüssel Kartoffeln mit fetter oder saurer Sauce um die Wette geleert wird. Unruhiger Schlaf, zumal wenn in Cloakenluft gesucht, ist die gewöhnliche Folge.

IV. Sitzende Lebensweise verträgt sich nicht mit gewohnheitsmäßiger Heizung durch Genußmittel. Kleine Gaben edler Spirituosa sind zeitweilig zulässig, um nach Art der Kinnholzfeuerung flottere Verbrennung einzuleiten. Frauen ziehen mit Recht warmes Getränk vor, welches fertige Wärme unmittelbar zuführt und zu dem auch der berühmte „Blümchencaffee" zählen mag. Dagegen ist zu beachten, daß Caffee sowohl wie Thee und Chokalade in dem Maaße als sie stark zubereitet und gezuckert sind, zur Steinkohlenheizung werden.

Bei der landläufigen Sitte deutschen Bürgerthums, täglich am dritten Orte zusammenzukommen und zusammenzusitzen, erscheint die Frage nach der Bedeutung habitueller Restaurationsmittel von höchster praktischer Wichtigkeit, ja als eine Culturfrage ersten Ranges.

Im 9. Capitel lernten wir die Kneipenluft als eine höchst nachtheilige kennen; hier müssen wir dem gewohnheitsmäßigen Biergenusse entgegentreten. Nicht erörtern wollen wir die Frage in jenem fanatischen Sinne, in welchem, wenn ich nicht irre, in den 40er Jahren ein Federkrieg entbrannte mit den Losungen: „Bier ist Gift" und „Bier ist kein Gift" — Verblendung wär's, die erfrischende, stärkende Wirkung zu leugnen, die ein Trunk schäumenden Bieres dem Durstenden spendet. Etwas anderes aber ist es mit dem gewohnheitsmäßigen Genuß von mehreren Seideln bei ruhigem Verweilen in einer Luftcloake und bei Leuten, die daheim eine sitzende Lebensweise führen — hier wird Bier allerdings zum Gift! — Schon die sich tief einwurzelnde Gewohnheit des Verlangens, wenn die übliche Stunde schlägt, ist vom Uebel. Weiter unterhält der Trunk beständige Ueberspannung des Gefäßsystemes und Schädigung der Capillarfederkraft, welche, sich vorerst dem Nervensystem mittheilend, „zu allem Guten träge" macht. Die academische Jugend vertrinkt sich in ihren Stamm- und Exkneipen alle Spannkraft und alle Ideale, macht schon den Jüngling zum Philister. Frühzeitig stellt sich Störung des flotten Wärmevertriebs ein, welche sich in innerem Frösteln ausspricht und zu lebhafter Körperbewegung wie auch zum Baden mahnen sollte. Statt dessen fühlt der Bierphilister sich von außen erkältet, kleidet sich immer wärmer, entwöhnt sich immer mehr von der frischen Luft und vom Vollbade. Der bekannte Bierhusten aber ist nur das

Zeichen der Ueberladung mit Säften und der Stockung des Blutlaufs, gewöhnlich „Hämorrhoidalleiden" genannt.

Da nun aber einmal, wie es scheint, gekneipt sein muß, so sei die andere Form, die sich, wenigstens in Norddeutschland, neben den Bierstuben geltend macht, die Weinstube als eine Wandelung zum Besseren begrüßt. Bier paßt nur für den, der harte Arbeit draußen thut, der aber freilich aus Erfahrung weiß, daß ein Zuviel träge und stark schwitzen macht. Für den stubenhockenden Berufsmenschen ist Wein, aber nicht der schwere Roth-, sondern der flüchtige Moselwein das passende Restaurationsmittel und dieses billige, angenehm, wenn auch zuweilen säuerlich, schmeckende, im vorigen Jahre ja besonders gut gerathene Getränk sei hiemit für die Praxis der Geselligkeit angelegentlich empfohlen.

Sechzehntes Capitel.

Normalgewicht des Körpers.

Die in den vorigen Capiteln wiederholt beklagte Culturgewohnheit der Vielesserei und -trinkerei verfehlt nicht, sich im äußeren Ansehen auszuprägen. In erster Reihe nemlich erzeugt sie Vollsaftigkeit, nemlich Durchtränkung der Gewebe, besonders des Unterhautpolsters (vgl. Cap. 4) mit einem Ueberschuß, in zweiter Reihe Fettleibigkeit, indem sich der Ueberschuß nach und nach zu Fett umbildet, das sich ebenfalls unter der Haut, besonders am Unterleibe anhäuft, an letzterem Orte den „Schmeerbauch“ bildend, an dem man schon von Weitem den „Lebemann“ erkennt. G. Freitag würde solchen Zustand den der „Fettumwachsung“ nennen. Die Vollsaftigkeit bekundet sich vorerst im Gesichte, wo die Wangen zudem anschwellen, was unsere Feinde von 1871 nicht übel als „tête carrée“ bezeichneten und Laube in seiner Beschreibung des Eßkünstlers Schall mit „augloser Schwamm“ übersetzt. Doch nicht nur vielessende — und trinkende Erwachsene zeigen dies Gepräge, sondern auch verfütterte Kinder, nemlich in den von kurzsichtiger Mutterliebe gern gesehenen Hängebacken und „Kehlbraten“. Die Gegenwart ist in der That so verliebt in feistes Aussehen, daß sie den Blick für wirklich gesundes verloren hat und den, der sich durch Mäßigkeit vor Gedunsenheit bewahrt, vielmehr „elend“ aussehend findet! Wenn auch mit dieser Betrachtung der besorgten Gattin die Freude an der Wahrnehmung nicht verleidet werden soll, daß der Gemahl sich, seit er im eigenen Hausstande ordentliche Kost genießt, herausfüttere, so bleibt es doch Pflicht der Gesundheitslehre, einer gesunden Mittelstraße das Wort zu reden und für das, was mit Recht „elend“ oder „gesund“ heißen darf, einen sicheren Maaßstab an die Hand zu geben, nemlich das Normalgewicht des Körpers, wie es die Wissenschaft für die einzelnen Stufen der Körperlänge berechnet hat, so daß man in jedem besonderen Falle entscheiden kann, ob man zu schwer oder (was wohl bei Gesunden selten vorkommen wird) zu leicht sei. Diese Berechnung ergibt folgende Verhältnisse:

Centimeter		Pfund Zollvereinsgewicht
137—152	Körperlänge entsprechen .	84
152—155	„ „ .	105
155—160	„ „ .	114
160—165	„ „ .	125
165—170	„ „ .	131
170—175	„ „ .	140
175—180	„ „ .	152
180—183	„ „ .	161
über 183	„ „ .	198

Jeder mit Bewußtsein Körperpflege Treibende sollte sich's angelegen sein lassen, alljährlich, etwa nach Schluß der der Mästung günstigsten Wintersaison, zu prüfen, ob sein Körpergewicht das normale Verhältniß zur Länge zeige und danach seine Lebensweise von Neuem zu regeln. Jeder Kaufmann ist im Besitz einer Decimalwaage, nur beachte man, daß man bei jeder Wägung die gleiche Menge Bekleidung trage und daß obige Tabelle sich auf den bekleideten Körper bezieht.

Wie in der That die Säfte, und zwar weit mehr als das Fett, den Ausschlag geben, lehrt der Umstand, daß (allgemein gesprochen) der Wassergehalt des Körpers allein $^4/_5$ des ganzen Gewichtes ausmacht, während eine ausgetrocknete Mumie nur 13 Pfund wiegt, das Fett nur den 20. Theil des Gesammtgewichtes darstellt.

Vor etwa einem Jahrzehnt schien der bekannte Fall des Engländers Banting Körperwägung und danach geregelte Diät populär machen zu wollen, doch so oft der Name damals genannt wurde, so rasch scheint er der Vergessenheit anheimgefallen. Nicht einmal hat man erfahren, ob der berühmte Gentleman, der damals schon 65 Jahre zählte, noch lebe? Bei 165½ Centimeter Länge wog er 183, also über 50 Pfund zu viel. Während der Cur ging er vom August bis Mai auf 151½, bis September auf 132 Pfund zurück, sah also nun gegen früher gewiß „elend" aus, fühlte sich aber ebenso gewiß gesünder wie je! —

Nach Durchlesung der nachträglich von Banting's „Retter", Dr. W. Harvey herausgegebenen wissenschaftlichen Schrift über den Fall ist's mir zweifellos, daß das „System" wesentlich in consequent geübter Enthaltsamkeit bestand, wobei mir besonders lehrreich der Umstand erscheint, daß Banting vorzugsweise, ja fast nur Fleisch essen mußte — ein thatsächlicher Beweis, daß diese bei uns als „Stärkungscur" cultivirte Kost, wie schon ausgeführt, eben nicht „stärkt", sondern vielmehr zehrt.

Fünfter Abschnitt.

Arbeit und Erholung.

Siebzehntes Capitel.

Blutwasserstand und Blutvertheilung.

Dieser Abschnitt schließt den in diesem Buche beschriebenen Kreis, indem er wieder an die im 3. Capitel vorweg angedeutete Frage vom harmonischen Zusammenwirken der drei die Wärmeregelung besagenden Thätigkeiten — um in umgekehrter Reihe zu wiederholen: des Essens und Trinkens, der Haut- und Lungenventilation — anknüpft und erklärt als Kern dieser Frage: richtigen Stand des Blutwassers und der Blutvertheilung.

Unrichtiger Stand bekundet sich, abgesehen von eigentlichen Krankheiten, durch allgemeines Mißbehagen, Benommenheit des Kopfes, Neigung zum Gähnen und Frösteln, Trockenheit der Haut, eine Symptomengruppe, welche sich schärfer ausgeprägt in dem uns allen aus Erfahrung bekannten Zustande des Katzenjammers, ihre Ursache in unvollständiger („unsymmetrischer") Wärmebildung findet. Jede einzelne jener drei Funktionen kann durch erlittene Störung diesen Zustand eingeleitet haben, am häufigsten aber geht sie vom Magen aus, der, mit Speise und Trank überladen, Ueberheizung veranlaßte, welche auszugleichen, Lungen- und Hautventilation um so weniger vermochten, je mehr sie durch Nächtigen in Cloakenluft und heißem Bett darniedergehalten wurden. Uebrigens bedarf es nicht immer so ungewöhnlicher Anlässe wie eines Commerses oder Festessens, sondern es genügt jene häusliche, im Cap. 15 unter IV gerügte Ueberladung bei der Abendmahlzeit oder am Biertische. Wenn's der Kürze wegen erlaubt ist, jenen gewöhnlichen Ausdruck zu verallgemeinern, so gehören in's Bereich des niederen Katzenjammers alle jene alltäglichen Morgenzustände, die uns, obwohl wir unsere 6 bis 8 Stunden schliefen, nur halbwach und geneigt finden, ein Nachschläfchen zu halten oder wie sich ein Schlafkamerad ausdrückte, „nachzuschmoren". Erst wenn wir's nunmehr zu einem größeren oder geringeren Schweißausbruch gebracht, fühlen wir uns frei im Kopfe und arbeitsfähig, aber das „Morgenstunde hat Gold im Munde" haben wir verpaßt. Wer dieses zu genießen wünscht, thue sich beim ersten Erwachen, etwa gegen 6 Uhr, Gewalt an, ermanne sich nach Genuß eines Glases frischen Wassers zu einem 3/4 stündigen Spaziergange, um mit feuchter Haut, freiem Kopf und frischer Brust zurückzukehren. Während ihn sonst trotz genossener Langschläferei den ganzen Vormittag die Gähnluft beherrschte, wird er jetzt mit straffer Faser beim Tagewerk aushalten. Er hat eben nicht in passiver, sondern in aktiver Weise Wärmeregelung und richtigen Blutwasserstand hergestellt.

Ungleiche Vertheilung der Wärme liegt vor in dem, namentlich zur Winterszeit überall beklagten Zustande des

„heißer Kopf oder Kopfweh und kalte Füße". Anlage dazu ist uns allen durch die eigenthümliche Vertheilung der Blutröhren angeboren. Diese sind nemlich, wie zu Cap. I, 4 nachzutragen, nicht gleichmäßig und nach dem besonderen Bedarf der einzelnen Körperabschnitte, sondern nach der funktionellen Bedeutung der Organe vertheilt, so daß dem Gehirne allein 25 Procent aller Wärme zufließen, während gerade das bedürftige Untergestell sich mit Bruchtheilen begnügen muß. Im Winter wird es daher um so leichter frieren, als, wie sich im dritten Buche näher ergeben wird, selbst in geheizten Räumen am Boden verhältnißmäßig kalte Luftschichten lagern. Die mit hockender Haltung verbundene Beschränkung der Lungenventilation thut das Ihrige zur Stockung des Wärmevertriebs. Nun wohl! auch von diesem unangenehmen Zustande befreit man sich schnell und sicher durch einen tüchtigen Marsch im Freien, eine Verordnung, die mit Recht zu überschreiben wäre: „Keine kalten Füße mehr!"

Achtzehntes Capitel.

Theorie der Körperbewegung.

„Es würde Alles besser gehen, wenn man mehr ginge."

Seume.

Was in der Ueberschrift „Arbeit", im vorigen Capitel „Spazierengehen" heißt, nennt die Gesundheitslehre geflissentliche Körperbewegung in reiner Luft und bezeichnet diese Uebung als das Vierte, was zu den drei in den vorigen Abschnitten abgehandelten Einzelnheiten hinzutreten muß, wenn der Körperhaushalt und seine Hauptleistung, die Wärmeregelung, unter einheitlicher und flotter Führung von Statten gehen soll, wogegen Unterlassung derselben als aller Krankheiten Anfang gelten muß. In der That mag, wer täglich auf tüchtige Bewegung hält, zu Zeiten kneipen, schlechte Luft athmen, Hautpflege versäumen — es ficht ihn nicht sonderlich an, weil er die dabei etwa erworbene Ametrie (vgl. Cap. 3) immer wieder durch Arbeit ausgleicht. Wer aber zu jenen Sünden noch die der unbeweglichen Lebensweise häuft, dem kann trotz der anscheinend kräftigsten Constitution kein Arzt dafür einstehen, daß er's bis auf die 50 Jahre bringen werde.

Bekannt ist, daß das classische Alterthum in der Gesetzgebung dieser Lebensregel eine erste Stelle einräumte und daß der Volkssinn den Siegern in den olympischen Spielen das höchste Ansehen beilegte. Wie sehr aber moderner Cultur diese Richtung abhanden gekommen, lehrt die Thatsache, daß sie gewissermaßen neu erfunden und von specialistischer Seite zu einer „Cur" ausgebildet werden mußte, nemlich als sogenannte Heilgymnastik, welche sich denn auch mit Recht bedeutender Erfolge bei den verschiedenartigsten Krankheiten rühmt und von Solchen, die sie erprobt, mit Enthusiasmus gepriesen wird. Wie schwer es aber hält, diese Methode an die ihr von Haus aus gebührende, nemlich an die krankheitverhütende Stelle zu setzen, zeigen die Hindernisse, mit denen die Einführung des Turnunterrichtes als vollberechtigten Zweiges der

Schulbildung, obgleich im Princip anerkannt, in der Wirklichkeit noch immer zu kämpfen hat. Ein Buch, welches, wie das vorliegende, sich nicht mit Receptiren, sondern nur mit Darlegung allgemeiner Grundsätze zu beschäftigen hat, muß auf Untersuchung des Unterschiedes zwischen schwedischer und deutscher Gymnastik u. dgl. verzichten, sich überhaupt an erster Stelle für die einfachsten Formen entscheiden. Wie diese aber schon, selbst in mangelhafter Gestalt, hygieinische Wirkungen ausübt, dafür haben wir täglich den leibhaftigen Beweis vor Augen in unserem — Briefträger: da er sich von Amtswegen Jahraus, Jahrein, Tag für Tag mehrmals einer ordentlichen Bewegungscur unterwirft, kennen wir wenige Posten, die mit so ausdauernder Gesundheit so anhaltend mit uns in Berührung bleiben, daß ihre Persönlichkeit uns sogar durch Gewohnheit lieb und theuer wird.

Die durchgreifende, weil jeder Faser, jeder Funktion zu gute kommende Wirkung der Körperbewegung wird aus folgender Uebersicht klar werden.

Erstens fördert sie den raschen und gleichmäßigen Vertrieb der Wärme dadurch, daß sie die Blutbewegung flott erhält, und zwar in doppelter Richtung: einmal nemlich beschleunigt sie Herzthätigkeit und Pulsschlag, welche durch unbewegliche Lebensweise vielmehr verlangsamt werden, für's Andere fördert sie den Blutlauf in den Venen (Cap. 2), weil dieser bei seiner centripetalen Richtung wesentlich auf Unterstützung des, das Blut gewissermaßen vorwärts streichenden Muskeldruckes angewiesen ist. Die an unserem Handrücken nach anhaltendem Schreiben z. B. strotzenden Venen entleeren sich mit einem Schlage wenn wir die Hand hoch heben und die Finger bewegen. Noch mehr kommt der Muskeldruck dem Venenblutlauf in den abhängigen Theilen, den Füßen, zu Gute. Weitere Hülfe leistet die Athmung (s. nachher).

Zweitens fördert Bewegung die Lungenventilation, an erster Stelle die Reinigung der Luftröhre von Schlejm, der ja, wie auf allen Schleimhäuten, auch in der Lunge im gesunden Zustande beständig abgesondert wird, hier aber sich um so leichter ansammelt, als er nicht abfließen kann, sondern immer erst durch Räuspern und Husten von unten nach oben befördert werden muß (daher der Ausdruck Catarrh, auf deutsch: Hinabfluß). Tiefes Athmen zieht unmittelbar stärkeres Ausathmen nach sich, welches den Schleim emporschiebt und, zum Hustenstoß gesteigert, hinausschafft. Viel hygieinisches Verständniß gehört schon dazu, um, wie früher (Cap. 8) gelehrt wurde, bei ruhigem Verhalten geflissentlich Vollathmen zu üben, bei'm Gehen, Turnen u. s. w. aber vollzieht sich dieser Akt von selbst. Die Lungen stehen nemlich zum ganzen Bewegungsapparate in einem ähnlichen Verhältniß wie etwa der Stempel, den man auf Locomobilen sieht; wie dieser je nach dem Tempo der Maschine sich schneller oder langsamer bewegt, so folgt die Athmung dem Körper im Schritt — oder Trab — oder Lauftempo. Jeder, der nach längerer Pause sich einmal wieder auf die Beine macht, muß zunächst husten, was aber nicht etwa von der „kalten Luft", sondern daher kommt, daß die nun vollere Athmung den Schleim aufrüttelt. Wer, wie unser Briefträger, fortwährend in Gang bleibt, wirft laufend in kleinen Posten aus und so ist Bewegung der sicherste Weg, um jede Art Husten zu „lösen"

Die landläufige Hustenplage, die uns, auch in warmer Jahreszeit, in Kirchen, Concerten, Versammlungen stört, ist ein Sympton der eingerissenen unbeweglichen Lebensweise, zu der freilich noch Reizung durch verdorbene Luft und Staub hinzukommt.

Die Hülfe, welche die Lungenventilation dem Blutlaufe leistet, beruht in Bethätigung dessen, was man die Brustkorb-Ansaugung nennt. Wie man nemlich den das Blut zurücktreibenden Hustenstoß oft bis in's Gehirn und nicht selten bis zur Ferse hinab fühlt, so wirkt gegentheils Tiefathmen durch die damit verbundene Erweiterung des Brustkorbes gleich einem Saugheber auf die Venenblutsäule, deren beschleunigtes Hinaufströmen man in der Leistenbeuge an der Schenkelvene sogar fühlen kann. Der athmende Brustkorb saugt also das Blut einerseits vom Gehirn herunter, andererseits von den Füßen und dem Unterleibe herauf. Daß die vorhin verzeichnete Beschleunigung des Herzschlags ebenfalls vornehmlich durch die Athmung vermittelt wird, wird aus einem in Dr. Kollmann's Buche S. 241 verzeichneten Thierexperimente ersichtlich.

Da, wie wir aus Cap. 9 bereits wissen, ordentliche Lungenventilation frische, reine Luft verlangt, so ist klar, warum die Gesundheitslehre nur die Bewegung anerkennt, welche im Freien oder in völlig gelüftetem Raume vorgenommen wird. Damit wird aber zugleich eine zweite Aufgabe gelöst, nemlich die Reinigung der heraufgesogenen Massen von dem, was wir ebendort als Erstickungsblut kennen lernten.

Drittens übt Bewegung den mächtigsten Einfluß

auf die Verdauung, und zwar ebenfalls durch Vermittelung der Athmung, indem diese das Zwerchfell auf- und abbewegt, dadurch mittelbar die Bauchpresse zu vollerer Arbeit anregend. Die weitere Folge ist regelmäßiger Stuhlgang. In der That kommt das ganze Heer der Unterleibsbeschwerden, über welche Stubenhocker klagen, ursprünglich von unbeweglicher Lebensweise. Vielesserei dehnt die Gedärme um so mehr passiv aus, macht Blähungen, Magendrücken, Aufstoßen, je weniger durch Spazierengehen die Bauchpresse fähig erhalten wird, auf die Füllung mit aktiven Gegendruck zu antworten.

Wenn wir so, wie schon aus Cap. 17 hervorging, den ganzen Körper durch Bewegung im Freien zu einem frisch geheizten Ofen aufleben sehen, so ergibt sich viertens von selbst, daß auch die Hautventilation gleichen Schritt halten wird, wie es denn eine alltägliche Erfahrung ist, daß man vom Gehen in Schweiß geräth. Die Hautthätigkeit wird aber um so prompter eingreifen, wenn der Bewegung eine naßkalte Abreibung oder ein Vollbad vorausgeschickt wird.

Vereinigen wir nunmehr alle diese Einzelheiten unter einen gemeinsamen Gesichtspunkt so läuft ihre Gesammtwirkung fünftens auf Reinigung des Blutes, überhaupt der Säfte hinaus, wie dies schon bei Gelegenheit des Erstickungsblutes angedeutet wurde. Nunmehr muß ich den Leser mit einer anderen Blutstörung bekannt machen, welche durch unbewegliche Lebensweise gefördert durch bewegliche gehoben wird, nemlich dem hauptsächlich den unrichtigen Stand des Blutwassers erzeugenden Ermüdungsblute. Mit diesen Namen bezeichnen wir nach J. Ranke's Vorgange all' die Schlacken, welche sich von Vielesserei und Trinkerei im Blute ansammeln und um so länger darin verweilen, je mehr der Verbrennungsproceß durch träge Lebensweise und Langschläferei verzögert wird. Der Name ist mit Rücksicht darauf gewählt, daß die Wirkung solcher Blutmischung sich am Empfindlichsten im Verhalten unseres Bewegungsapparates bekundet. Gleich das Gähnen ist eine Trägheitsäußerung des Brustkorbes, also nicht immer ein Zeichen, daß man sich schlafen legen, sondern auch, daß man sich munter laufen soll. Während Erstickungsblut mehr blos die Nerven betäubt, wirkt Ermüdungsblut auf Gehirn, Nerven und Muskeln wie ein dem Ganzen angelegter Hemmschuh; des ersteren Wirkung ist mehr eine chemische, die des letzteren mehr eine mechanische, die Federkraft der Gefäße lahmlegende, die Pulsbewegung verlangsamende. In der That geht das Gefühl des mit Ermüdungsblut Beladenen dahin, als ob ihm Bleigewichte an Gliedern und Kopf säßen. Ermannt er sich zu einem entschlossenen Exercitium, so verkündet rascherer Pulsgang den Eintritt der Befreiung. Diese Wandelungen der Blutbewegung sind in letzter Reihe Aeußerungen des Blutdrucks, dessen Regelung also mit der des Blutwasserstandes zusammenfällt und diese allgemeine Betrachtung war nothwendig zum Verständniß dessen, was wir als das hygieinische Endziel der Körperbewegung nun schließlich hinstellen, nemlich sechstens: Pflege der geistigen Frische, wie dies ja auch das erste Wort der bekannten Turnerlosung anzeigt.

Wenn Specialgymnasten das Hauptgewicht auf „Stärkung der Muskulatur" legen, so erscheint diese der Gesundheitslehre mehr als Mittel zum Zweck, nemlich zur Regelung des Blutdrucks, bei welcher die Muskulatur insofern wesentlich betheiligt ist, als sie, wie wir vorhin sahen, auf das Tempo des Blutlaufs den größten Einfluß übt. Bei der ungeheuren Fläche ferner, welche das Muskelfleisch einnimmt, ist begreiflich, daß in ihnen ein großer Theil dessen, was wir in Cap. 7 „Verbrennung in den Geweben" nannten, sich abspielt. Auch spricht man bei'm Muskel von einer „Athmung" d. h. einem dieser ähnlichen Gaswechsel, welcher durch Zusammenziehung desselben gefördert wird, so daß es in der Folge gestattet sein wird, auch von einer Muskelventilation zu reden. Wie diese in der That auf den ganzen Körperhaushalt einwirkt, sieht man an Recruten, welche in den ersten Wochen, da sie gedrillt werden, an Körpergewicht abnehmen, danach aber, wenn sie nemlich die Körperübungen mit möglichst geringem Kraftaufwande vollführen gelernt haben, an Gewicht zunehmen. War's nicht bei unseren aus dem Franzosenkriege heimgekehrten Vaterlandsvertheidigern offenkundig, daß die Meisten trotz maaßloser Strapazen und häufiger Entbehrung von Speise und Trank uns wohlgenährter, kräftiger erschienen? Aber nicht bloß muskelstärker, sondern auch, was zu allererst auffiel, frischer an Geist und Sinn, überhaupt ganz „andere Menschen" waren sie geworden.

Wenn Bewegung Kopfweh vertreibt, den Geist aufleben macht, so liegt dies wiederum vornehmlich in der Regelung des Blutdrucks, dessen Manometer, so zu sagen, das Gehirn ist. Die Nervenmassen dieses Organes können wir uns als ein Schwammgerüst vorstellen, in dessen Maschen ein volles Fünftheil der ganzen Blutmassen kreist, welches je nach dem Grade des Blutdruckes sich gepreßt oder frei fühlt. Ersteres ist der Fall, wenn Ermüdungsblut die Adern dehnt, letzteres, wenn durch Muskel-, Lungen- und Hautventilation die Blutbewegung flott gemacht, das Blutwasser gereinigt wurde. So wird die praktische Bedeutung des dem folgenden Capitel obenangestellten Motto's als Quintessenz dieses eben beendigten jedem denkenden Leser verständlich sein.

Neunzehntes Capitel.

Praxis der Körperbewegung.

Mens sana in corpore sano.

Schreibt der Arzt einem kaufmännischen Agenten, einer Hausfrau, einem Lohnarbeiter, einer Waschfrau ordentliche Bewegung vor, so erhält er wohl zur Antwort: „Das Tagewerk diktire ohnehin so viel Bewegung, daß man Abends todtmüde sei und gar nicht mehr an Spazierengehen denken könne." Diesem bedauerlichen Einwande begegnet die Gesundheitslehre mit der Weisung, daß Pflastertreterei, während der Geist geschäftlich arbeite, berufliche Handirung im geschlossenen Dunstkreise, die gezwungene Haltung am Waschtroge u. dgl. mit regelrechter Bewegung nichts gemein habe, daß gerade die hier erworbene Ermüdung erst noch ausgelaufen werden müsse. Man könnte auch auf das Beispier der Handwerker hinweisen, welche z. B. in Magdeburg früh 6 Uhr bei den Neubauten antreten und bis 6 Uhr Abends thätig bleiben. Da sie aber in Dörfern des ein- und zweimeiligen Umkreises wohnen, so haben sie vorher und nachher einen Fußmarsch von einer Stunde und drüber zurückzulegen, der ihnen außerordentlich gut bekommt. Bloßer Wahn ist es ferner, wenn man sich für die an die Schulbank geschmiedeten Kinder dabei beruhigt, daß sie alle Woche ein paar Turnstunden nehmen. Mit diesem Flickwerk wird eben schon von Kindesbeinen an gegen obigen Kernspruch gesündigt. Dagegen will die Gesundheitslehre regelrechte Körperübung als gleichberechtigten Gegenstand in die Erziehung eingeführt, ihr sogar den Vorrang vor den auf geistige Bildung berechneten Fächern eingeräumt wissen, in der Art, daß der Schulunterricht täglich mit einer Stunde gymnastischer Exercitien zu beginnen hat. Sicher ist, daß nach solcher Vorbereitung die Kinder weit besser aufpassen und weit seltener wegen Krankheit ausbleiben würden. Städte wie Leipzig, Dortmund, Chemnitz gehen bereits mit Einführung dieses pädagogischen Turnens rüstig voran. Wo von Schulwegen Nichts oder nichts Ordentliches geschieht, hat der Familienvater die Sache in die Hand zu nehmen, will er sich später nicht Vorwürfe machen, daß er seine Kinder leiblich hat verkümmern lassen, mag er sich im Uebrigen rühmen, daß er sie „was Ordentliches lernen“ ließ. Er bemerke nur, wie der Trieb, um dessen Pflege sich's handelt, den Kindern angeboren ist, so wie sie nur auf eigenen Füßen stehen, daher die Redensart: „nicht stille sitzen können, wie ein Kind.“ Dasselbe ist der „Gassenjungentrieb“ der größeren, welchen man nothgedrungen um so mehr nachzusehen haben wird, als die Cultur der städtischen Jugend nur vor dem Hause auf der Gasse gewährt, was hinten Hof und Garten bieten sollten.

„Daß Ihr klettert, liebe Buben,
Will ich Euch erlauben;
Warum solltet Ihr in Stuben,
Hängen wie Schlafhauben!“

singt Rückert. Wie die noch schärfere Beschränkung der weiblichen Jugend sich im lässigen Wesen, schwerfälligem Gang und Unfähigkeit zu ausnahmsweise größeren Fußtouren ausspricht, wird keinem halbwegs umsichtigen Beobachter entgangen sein. Methodische Gymnastik schafft man in Garnisonsstädten mit Hülfe eines beliebigen Unteroffiziers, der für mäßiges Entgelt guten Unterricht in straffer Haltung und Freiübungen ertheilt; anderen Ersatz bieten Schwimmstunden, welche da, wo Winterbassins, auch in der kalten Jahreszeit fortzusetzen sind, auch für Mädchen unschätzbar. Die pädagogische Gymnastik zählt aber auch lautes Sprechen, Singen, letzteres auch wohl mit Marschiren verbunden, in ihr Programm. Plinius pflegte nach der Mahlzeit eine Stunde laut zu lesen; das Recept: „Kanzelholz ist ein gesundes Holz“ hat vornehmlich die durch das Reden geförderte Gesundheit der Prediger im Auge.

Der größte Theil der zu Amt und Brod gelangten Erwachsenen wird bei uns zu Lande, wo Sport, Jagd, Ruderfahrt nur einer Minderheit möglich bleibt, auf Spazierengehen angewiesen sein und diesem täglich mindestens eine volle Stunde zu widmen, ist oberstes Erforderniß dessen, was man „Leibesnothdurft“ nennt. Unser großer Denker Kant muß dies sehr wohl gewußt haben, denn Tag für Tag, gleichgültig, ob's gutes oder schlechtes Wetter war, ging er von Königsberg bis zum „holländischen Baume“ oder nach dem Dorfe Penarten und wieder zurück. Gedankenlosigkeit freilich hüllt ihre Unlust in angeblichen Zeitmangel; erwägt man aber, wie viel Zeit übrig ist, um in Kneipen, beim Kartenspiel oder in geisttödtender Gesellschaft zu verweilen, so kann man jene Unlust nur aus Nachgiebigkeit gegen die augenblicklich vom Ermüdungsblute diktirte Stimmung erklären; und in der That kostet es nur einen ersten Schritt! — Auch mehrt sich schon das Häuflein der gesundheitsbeflissenen Städter, die sich allmorgendlich im Weichbilde zum gemeinsamen Frühtrunke (am besten von Milch) zusammenfinden, um's nachher den Langschläfern an-Arbeitslust und — Kraft zuvorzuthun. Ein weiterer Fortschritt wär's, wenn dem Spaziergange ein Vollbad vorausgeschickt würde.

Da aber in Städten häufig genug schlechtes Wetter oder sonstige widrige Umstände das Spazierengehen verleiden, so muß die Gesundheitslehre für alle Fälle auf eine Art Ersatz Bedacht nehmen und bietet diesen in Form der „Zimmergymnastik" (bei gut gelüfteten Raume) nach Anleitung des berühmten Buches von Schreber, welches ein Dutzend von Hausapotheken aufwiegt, auch wohl in Form der Hantelübungen, wie sie von Kloß systematisch vorgeschrieben werden.

Solch tägliches einstündiges Exercitium reicht, wie gesagt, nur eben aus, um den Körper leidlich arbeitsfähig zu erhalten. Unentbehrlich bleiben daneben zu geeigneten Zeiten größere und längere Fußreisen, für welche bis jetzt nur wenigen Ständen von Amts wegen „Ferien" geboten werden. Diese Einrichtung, wenn erst in allen Körperschaften eingeführt, würde bedeutende Ersparnisse an vorzeitigen Pensionen, Beträgen für Aushülfspersonal, das erkrankte Beamte ersetzt, Krankenunterstützung u. s. w. ergeben, denn sie stählen und bessern den Körper alljährlich von Neuem zu neuer Lust und Leistungsfähigkeit auf.

Nach Alledem muß es ferner in negativem Sinne als schädliche Culturgewohnheit bezeichnet werden, daß der Städter auch da, wo er beruflich Anlaß zu Bewegung fände, anstatt ihn mit Freuden zu begrüßen, es vorzieht, zu fahren, angeblich, weil es die „Representation" verlangt. Meinem plebejischen Sinne mag's nicht eingehen, aus welchem vernünftigen Grunde Fürst X. sich zu dem nur zwei Straßen von ihm wohnenden Baron Y. im Vierspänner begibt, mein hygieinischer Verstand aber sagt mir, daß der dort seiner harrende Schmauß ihm schlecht bekommen muß, wenn er sich nicht durch eine tüchtige Tour auf Schustersrappen, sei's Incognito, dazu vorbereitet hat. Beklagenswerth ist aber auch die Wahrnehmung, daß der durch Omnibus, Eisenbahn, Dampfschiff gebotene Massentransport auch das Volk im Ganzen entwöhnt, die Erholungsorte draußen zu Fuße aufzusuchen. Gesündere Zeiten waren's jedenfalls, wo die „Wanderlust" den Dichtersinn schöpferisch begeisterte und noch jetzt erfahren wir von Männern, welche sich bis in's hohe Alter frischen Geist bewahrten, daß sie unter anderen Tugenden auch die der Fußgängerei pflegten. Um nur ein Beispiel anzuführen, so lesen wir in Charles Dickens' Biographie: Er liebte es, angestrengt zu arbeiten und dann ebenso angestrengt spazieren zu reiten oder zu gehen. Spazierritte oder Fußtouren von 15 englischen Meilen hin und ebenso viel zurück waren keine Seltenheit für ihn." In diesem Zusammenhange schenkt die Hygieine jenem „weißen Raben" ihre Aufmerksamkeit, nemlich dem 32jährigen Holländer Dudok de Wit, der, aus vornehmer Familie stammend, den pedes Apostolorum den Vorzug vor der Equipage und dem Eisenbahncoupé einräumt. Erst durchwanderte er die Inseln Java, Celebes, Umgegend von Canton, Jeddo, St. Francisco, Acapulco, Vera Cruz und New-York, neuerdings ist er auf dem schienenbelegten Boden der alten Welt von Amsterdam nach Paris in 10 Tagen, von Amsterdam nach Wien in 30 Tagen gewandert. Möchte dies Beispiel „Mode" werden!

Weiteres über das Verhalten auf Reisen s. Buch II, Cap. 5.

Zwanzigstes Capitel.

Schlaf.

> „Was sie dem Schlaf an Stunden stahlen,
> Das treibt für ihn sein Bruder ein,
> Das müssen sie dem Tod bezahlen,
> So bleibt es bei der Sippschaft sein."
>
> Lenau.

Wenn wir nach einem Marsch das Bedürfniß empfinden, uns hinzusetzen oder auf dem Boden auszustrecken, so geschieht dies in der Absicht, die durch die beständige Anspannung ermüdete Muskulatur in den Zustand der Abspannung überzuführen. Fühlen wir uns davon ausgeruht, so geht's wieder mit frischen Kräften weiter.

Fühlen wir dagegen zu Abend die Körperkraft im Ganzen schwinden, die Augenlider sich schließen, so bedeutet dies, daß das Pulsadersystem ermüdet, der Blutdruck daher nachläßt, das Gehirn nicht mehr die nöthige Belebung erfährt. Dieser Zustand, Schlaf genannt, stellt sich bei denen, die sich nicht zur Unzeit mit Ermüdungsblut beladen, gegen Ende der 24stündigen Sonnenwende ein und hängt am letzten Ende mit einer noch nicht besprochenen Eigenthümlichkeit unseres Heizapparates zusammen.

Diese Eigenthümlichkeit besteht nemlich darin, daß die Wärmeregelung im Verlauf des Tages im Crescendo arbeitet, um Mittag etwa ihren Höhepunkt erreichend, dann allmählig in Decrescendo übergeht und diese niedere Stufe über Nacht beibehält. Nicht ohne Schaden für das Ganze wird dieser natürliche Turnus durch Mahlzeiten, Berauschung, Ueberarbeit auf die Dauer gestört. Mit dem abendlichen Fall der Wärmebildung Hand in Hand geht der Nachlaß des Blutdrucks, den man an kleinen Kindern durch Betastung der Fontanelle nachweisen kann. Ein Naturforscher hat sich auch durch ein Glasfenster, das er Thieren in das Schädeldach setzte, unmittelbar überzeugt, daß während des Schlafes die Gehirnmasse blasser und viele Hirnadern nicht sichtbar sind, daß aber beim Erwachen erstere stark roth und letztere deutlich gefüllt werden. Wenn gegentheils, wie schon in Cap. 9 gelehrt wurde, während des Schlafes viel mehr Sauerstoff eingeathmet wird, so läßt sich dieser Zustand als die Zeit bezeichnen, wo die Natur den Heizapparat nach Einstellung des Getriebes in ihre stille Werkstätte nimmt, um den Kessel noch vor Versiechung mit einem Vorrath zu füllen, was auch das französische Wort andeutet: „Qui dort, dîne“. Dem „Uebernächtigen“ aber steht die Versäumniß auf der blassen Wange und im matten Auge geschrieben und den ganzen Tag über vermag die Wärmeregelung sich nicht zum Crescendo zu erheben. Die von dichterischer Seite seit Homer gepflegte Ernennung des Schlafes zum „Bruder des Todes“ wird von den Naturforschern übereinstimmend bemängelt. Daß nur das Pulsadersystem, nicht aber der ganze Körper „wie todt“ ist, lehrt die Erfahrung, daß wir im Schlafe denken, reden, gehen (Somnambulismus), daß der schlafende Reiter die Zügel in der Hand behält, der schlafende Tanzmusicus zu blasen fortfährt. Angesichts dessen wird man geneigt, denen Recht zu geben, welche im Schlafe vielmehr die ursprüngliche Lebensform erblicken, wenn man nemlich berücksichtigt, daß das Neugeborene bis dahin Monate lang ausschließlich schlummerte und vorläufig fortfährt mehr zu schlummern als zu wachen. Das Umgekehrte entwickelt sich erst von dem Zeitpunkte an, wo mit selbstständigen Stehen und Gehen der Blutdruck lebhafter wird und die Wärmeregelung sich nach und nach zu jenem periodischen Ablaufe ausbildet. Gewohnheit thut hier freilich sehr viel, denn man könnte, wenn man wollte, einen Menschen so ziehen, daß er am Tage schliefe und die Nacht wachte, äße und tränke, wie dies Bernadotte von Schweden sich thatsächlich angewöhnt haben soll, die Gründe, warum der allgemeine Gebrauch vorzuziehen, auseinanderzusetzen, wäre überflüssig und wer das Gold der Morgenstunde einheimsen will, muß früh zu Bett gehen, eine Gewohnheit, zu der man sich am Besten durch den im vorigen Capitel vorgeschlagenen Grundsatz des morgendlichen Spazierengehens vorbereitet.

Franklin hat dieser Gewohnheit vom öconomischen Standpunkte das Wort geredet und berechnet, daß die Pariser, wenn sie „das Sonnen- statt des Kerzenlichtes benutzten" (in damaliger, noch billiger Zeit) jährlich 96,075,000 Pfund sparen würden! —

Das persönliche Bedürfniß nach dem Zeitmaaße des Schlafes richtet sich nach Kräftigkeit und Temperament. Außerordentliche Geister, wie Friedrich der Große, sollen mit 5 Stunden ausgekommen sein. Schwächlinge bedürfen bei ihrer schwachen Wärmeregelung weit mehr und hohes Alter nähert sich aus demselben Grunde dem kindlichen Zustande. Beiden sei auch eine kurze Schlafpause in der Mitte des Tages gegönnt, zumal nach der Mahlzeit, wo der Blutandrang zu den Unterleibsorganen vorübergehenden Nachlaß des Blutdrucks im Gehirne bewirkt, dem man wohl durch ein Glas Wein bei Tische wehren kann. Vollsaftigen und Beleibten dagegen bekommt der Nachmittagsschlaf in der Regel schlecht, weil der volle Magen Herzschlag und Athmung beschränkt, vielleicht auch auf die hinter ihm liegende Körperschlagader drückt, daher hier das Wort gilt: „Nach dem Essen sollst du stehen oder tausend Schritte gehen." Negativ gilt diese Regel insofern für Alle, als Sitzen, zumal mit vorgebeugtem Oberkörper, jedenfalls nach der Mahlzeit Keinem räthlich ist.

Das Schnarchen, beiläufig bemerkt, kommt vom Schlafen mit offenem Munde, wo dann das Gaumensegel hinten in der Mundhöhle wie ein Kartenblatt vom Athem wie von einem Violinbogen gestrichen wird. Gewöhnung an die Praxis der Catlin-Doktrin (Cap. 8) ist demnach ein sicheres Vorbeugungsmittel gegen diese störende Unart.

Einundzwanzigstes Capitel.

Sonntagsruhe.

„Sechs Tage sollt Ihr arbeiten; den siebenten Tag aber sollt Ihr heilig halten, einen Sabbath der Ruhe.“
(2. B. Mosis Cap. 35, V. 2.)

Nicht an erster Stelle eine religiöse, sondern eine hervorragend hygieinische Vorschrift enthält dieses Gebot des einsichtigen Propheten, dessen religiöse Fassung sich aus dem damaligen Stande des populären Verständnisses erklärt. Die schweizerische Gesellschaft für Sonntagsheiligung zu Genf macht sich um die Gesundheitspflege der Massen nicht wenig verdient dadurch, daß sie diese eigentliche Bedeutung des „Sabbaths“ wieder zum Bewußtsein zu bringen sucht, indem sie voriges Jahr einen Preis ausschrieb für die beste populäre Schrift „über die Sonntagsruhe vom hygieinischen Standpunkte“, welche denn auch mit Einsendung von 53 Concursarbeiten aus aller Herren Länder beantwortet wurde, eine Zahl, welche bis jetzt die Entscheidung noch nicht zum Abschluß kommen ließ.*) Dies Büchlein spricht sich über die Frage kurz folgendermaßen aus:

Daß tägliche einstündige Bewegung nur das äußerste Maaß von Erholung darstellt, welches wir dem beruflich

Nachträglich ist Verfasser in der Lage zu berichten, daß die Entscheidung Weihnachten v. J. erfolgte und dreien Arbeiten, darunter einer von ihm eingereichten, der Hauptpreis zu je einem Dritttheil zuerkannt worden ist: „Die Sonntagsruhe vom Standpunkte der Gesundheitslehre gemeinverständlich abgehandelt.“ Berlin, Denicke's Verlag, 1876.

thätigen Körper zu widmen haben, damit er nur halbwegs aushalte, wurde bereits hervorgehoben. Ebenso ist aber auch der Schlaf nicht etwa ein Uebriges, sondern auch nur das nothgedrungene Zugeständniß an das Bedürfniß der Abspannung, ohne deren wechselnden Eintritt Abspannung überhaupt nicht möglich ist. Bewegung und Schlaf sind also selbstverständliche Bedingungen für den gedeihlichen Ablauf der Werktagsperiode, in welcher aber die Werktagsstimmung so überwiegt, daß wir ihr auch in jenen Pausen mehr oder weniger bewußt nachhängen. Immer also handelt es sich noch um ein Viel oder Wenig, das den Geist in der „Tretmühle" gefangen hält, denn der Blutdruck allein macht seine Wesenheit nicht aus, sondern er schwebt schließlich als selbstständige Lebensäußerung über dem Ganzen des Körperhaushalts. Wie nun die Physiologie der Wärmeregelung jenen 24stündigen Turnus zuschreibt, so haben die Psychologen von Pythagoras bis herauf zu Cabanis und Proudhon dem Geiste eine nur 6tägige Spannkraft zuerkannt, den 7. Tag aber zum Mußetage angesetzt. Bewegung und Schlaf sind also Zustände der körperlichen Ruhe, der Sabbath gehört der geistigen Muße, deren Pflege in gleichem Maaße Grundbedingung eines langen, gesunden Lebens bleibt. „Hier bin ich Mensch, hier darf ich's sein" — mit diesen Worten drückt Faust auf dem Osterfestausfluge beredt die Wirkung des Feiertages auf die geistige Stimmung aus und viele Aussprüche von Denkern jeglicher Berufsart ließen sich anführen, welche, ohne Zusammenhang mit dem religiösen Cultus, sich für die Nothwendigkeit solchen allwöchentlichen Mußetages aussprechen. Um von ärztlichen

Stimmen nur eine anzuführen, so äußerte der Amerikaner Dr. Warren: „So weit meine Erfahrung reicht, habe ich stets gefunden, daß Leute, die sich gewöhnt haben, sich für den Sonntag aller Arbeiten und Sorgen zu entschlagen, im Laufe der Woche das Bedeutendste zu leisten im Stande sind. Ich bin auch überzeugt, daß Solche in 6 Tagen mehr arbeiten und ihre Sache besser machen, als wenn sie alle 7 Tage fortarbeiten." Nach Alledem erwächst Eltern, Vormündern, Erziehern die Pflicht, schon beim heranwachsenden Geschlechte auf strenge Einhaltung der Sonntagsruhe zu halten und der Bürgerschaft, mit vereinten Kräften gegen die gewissenlose Ausnutzung der Arbeitskraft Einzelstehender einzuschreiten. Zu besonderer communaler Beachtung empfiehlt sich die Einrichtung der Sonntagsschulen, denn ein in nichtiger Zerstreuung oder in Saus und Braus verbrachter Sonntag ist kein Mußetag. Dabei ist zu bemerken, daß die besondere Art der Erholung für den Einzelnen verschieden ist, indem man sie allgemein als „Wechsel der Arbeit" vorschreiben könnte. Für den also, der die ganze Woche auf der Schulbank geschmachtet, paßt freies Ergehen, für den aber, der 6 Tage an der Hobelbank, am Ambos u. dgl. gearbeitet, bietet die Sonntagsschule den Wechsel u. s. w.

Wie bei Nichtachtung des vorschriftsmäßigen Feiertags die Natur sich dennoch einen Erholungstag erzwingt, lehrt die bedauerliche Unsitte des blauen Montags, in dessen Verurtheilung alle Stimmen sich vereinen.

Die praktische Ausführbarkeit der durchgängigen Sonntagsfeier, welche besonders von Fabrikherren geltend gemacht wird, kann hier nicht weiter untersucht werden.

Daß sie jedoch auch von dieser Seite her als möglich und nützlich zugestanden wird, lehrt folgende Stelle aus einem Schreiben der Herren Dollfuß-Mieg, jener großen Fabrikanten zu Mühlhausen i. E.: „Wir erachten die Sonntagsruhe als eine in jeder Beziehung und für Jedermann absolute Nothwendigkeit.“

Nennt die Religion den Sonntag den „Tag des Herrn“, so nennt ihn die Gesundheitslehre: „den Tag des Menschen“! —

II. Buch.

Kleidung.

Erstes Capitel.

Gesundheitslehre und Mode.

„Im gewöhnlichen Leben", sagt Pettenkofer in seinen, im Albert-Verein zu Dresden gehaltenen Vorträgen „wird die culturgeschichtliche und physiologische Bedeutung der Bekleidung fast gar nicht mehr beachtet; man spricht gewöhnlich blos von den sittlichen und ästhetischen Zwecken, welche damit nebenbei verfolgt werden, der eigentliche Hauptzweck derselben aber, welcher ein rein hygieinischer ist, wird nur selten besprochen."

Diese Betrachtung möchte ich dahin erweitern, daß der hygieinische Zweck nicht nur selten besprochen, sondern auch, wenn's geschieht, geradezu zum Gespötte mißbraucht wird. So ziemlich das Einzige, was man bei uns zu Lande sich einander darüber sagt, betrifft Schutz des Körpers gegen „Erkältung", und zwar nicht nur im Winter, sondern auch im heißesten Sommer. Was man sich aber dabei denken mag, möge eine Untersuchung der Praxis während der kalten Jahreszeit lehren. Legen wir an diese den Maaßstab, daß das sogenannte schwächere Geschlecht größeren Schutzes bedürfe, als das sogenannte starke, so drängt sich die Voraussetzung auf, daß beide sich nach gleichem Plane, aber mit gradweise unterschiedener Vorsicht „erwärmen.“ Sehen wir nun aber nach, so finden wir erstaunlicher Weise gerade das Entgegengesetzte: die Damen tragen die Körperabschnitte, welche die Männer auf's Wärmste bedecken, am Leichtesten bedeckt, wo nicht ganz entblößt! — Um am Kopfe zu beginnen, so finden wir dort: Pelzmütze mit Ohrenklappen und wuchtiges Shawlwerk — hier: eine „Kopfbedeckung“, die diese Bezeichnung nur dem Namen nach verdient, um den Hals nichts oder höchstens eine mehr zum Schmuck leicht geschürzte Pellerine! — Am anderen Körperende derselbe Gegensatz: dort dicke, bis zum und über's Knie reichende Lederhülle, hier dünnstes, kaum die Knöchel erreichendes Schuhwerk! Befreien zwar die Herren auf dem Balle ihren Schultergürtel von der massiven Umfriedigung des Pelzkragens oder des zwiefach umschlungenen Schlipses, so treten ihnen die Damen dafür nunmehr mit halbnackter Büste gegenüber. Wenn sie aber, wie man durchgängig klagen hört, dem Geliebten mit fürsorglicher Hand die monströse Halsumhüllung eigenhändig weben und bei'm Ausgange selbst anlegen, warum gehen sie, wenn sie diese Maaßregel für eine zur Gesundheit durchaus nothwendige halten, nicht mit gutem Beispiele voran? warum mag das „schwache“ Geschlecht eine Schutzwehr missen, von deren Entbehrung nach seiner Meinung das „starke“ sich „den Tod holen kann“ — ! ? —

Gestehen wir's nur ein, daß wir bei unserer modernen Kleidertracht hygieinische Rücksichten an letzter — die leidige Mode an erster Stelle maaßgebend heißen und uns überdies von französischer Laune und industrieller Speculation gängeln lassen. Nachdem aber soeben der Germanenstamm sich in politischer Beziehung so muthig und erfolgreich von französischer Bevormundung losgesagt, jetzt im Frieden auch begonnen hat, sich in sprachlicher Beziehung selbstständig zu stellen, wird ihm auch bald die Erkenntniß kommen, daß die von Paris aus vorgeschriebene Kleidertracht deutscher Sittsamkeit und Sparsamkeit widerstreitet, wie sich denn zu Dresden bereits ein Verein „Modebühne" gebildet hat mit der Aufgabe, die Interessen einer volksthümlichen Mode zu vertreten und den Formenwechsel derselben dem deutschen Naturell entsprechend zu regeln." Vor Allem freilich wäre zu wünschen, daß diese „Regelung" auf die hygieinische Zweckmäßigkeit Bedacht nähme, zu deren Erkenntniß die folgenden Abschnitte anleiten wollen.

Erster Abschnitt.

Die Kleidung in ihrer Beziehung zur Wärmeregelung.

Zweites Capitel.

Theorie der Bekleidung mit Rücksicht auf Strahlung.

„Wir haben weit mehr Mittel, uns zu erwärmen, als uns abzukühlen." — Mit diesen Worten Pettenkofer's sei von vornherein der landläufigen Ansicht begegnet, als komme es immer nur darauf an, uns warm zu kleiden. Der allgemeine Zweck ist doch vorerst: Deckung der Körperblöße und bei uns zu Lande herrscht ziemlich lange eine Witterung oder wir bereiten uns daheim künstlich eine Temperatur, welche uns mahnt, jene Zwecke nicht auf Kosten der zur Wärmeregelung erforderlichen Abkühlung zu erfüllen. Diese Rücksicht drängt sich ferner um so mehr auf, als wir, wie dies Cap. 10 des vor. Buches ausführte, der Gewohnheit fröhnen, uns mit Essen und Trinken zu überheizen. Wird unser Hautorgan durch Bedeckung verhindert, flott zu ventiliren, wenn wir gut gegessen und getrunken haben, so stellt sich in niederem Grade jener

Zustand ein, der in dem Cap. 3 des I. Buches beschriebenen Falle einem Kinde das Leben kostete. Schon dem großen, hygieinisch nicht gebildeten Arzte Boerhaave war es nicht entgangen, daß man Kindern durch warmes Zudecken Gehirnkrankheit beibringen könne.

Die systematische Kleiderordnung schließt sich an die im ersten Buche durchgeführte Ofentheorie vom menschlichen Körperhaushalte an: Der nackte Körper ist ein in die Luft gestellter geheizter Ofen, und je kälter die umgebende Luft, um so stärker wird ihm Wärme entzogen, weil zwei verschieden temperirte Medien, wenn sie mit einander in Berührung treten, das Bestreben haben, sich durch Ausstrahlung Seitens des erwärmten auf gleichen Grad zu setzen. Der nackte Körper wird dies um so mehr empfinden, „frieren", als er von der Wärmeentziehung unmittelbar betroffen wird und je weniger geübt seine Capillarfederkraft ist, durch Zusammenziehung die Wärme anzuhalten (vgl. B. I, Cap. 4). Daher Kinder, die noch lebhafte Wärmeregelung besitzen, verhältnißmäßig schwer, Greise dagegen und Schwächlinge leicht frieren. Zweck der Kleidung nun ist, diese Wärmeentziehung durch Einfügung einer Schranke zu verlangsamen, welche zunächst die ausgestrahlte Wärme festhält, zur Erwärmung des Körpers verwerthet oder, wie Pettenkofer sich ausdrückt, das Frieren vom Körper auf Hemd, Weste, Rock überträgt: „unsere Kleider frieren für uns". Man könnte auch sagen, daß die Kleidung die natürliche Mantelofenhülle des Körpers (vgl. B. I, Cap. 1.) noch um eine künstliche vermehrt.

Wenn wir bei bewegter Luft, windigem Wetter, auch ohne daß es gerade kalt ist, leichter frieren, so liegt dies daran, daß durch häufigen Wechsel andringender Lufttheile dem Körper verhältnißmäßig mehr Wärme entzogen wird, als bei windstillem Wetter. Ein zweiter Zweck der Kleidung nun geht dahin, den Körper auch mit einer ruhenden Luftschicht zu umgeben. Da es aber, wie später weiter gezeigt werden soll, absolut ruhige Luft nicht gibt, so wird die Gränze von welcher an wir die Luftbewegung „zugig“ oder „erkältend“ finden, wiederum von der Gewöhnung bestimmt und grundsätzliche Verwöhnung wird schließlich selbst der Zephirbewegung wehrlos gegenüberstehen.

Fassen wir zusammen, so erkennen wir die lediglich passive Bedeutung der Kleidung darin, daß sie selbst keine Wärme hervorbringt, sondern nur mit derjenigen arbeitet, welche unser Körper liefert. Daraus folgt, daß wir durch Bekleidung uns keineswegs die Pflicht ersparen, unsern Körper durch Hautpflege abzuhärten, daß aber der Abgehärtete, da er flott Wärme producirt, sich schon mit verhältnißmäßig leichter Kleidung begnügt.

Wenden wir diese Vorschrift auf die verschiedenen Jahreszeiten an, so soll die Kleidung im Sommer mehr nur Luftstille um den nackten Körper unterhalten, die Strahlung und Leitung nur im geringsten Maaße beschränken. Daher wählen wir dünne Lagen und hellfarbige Stoffe, welche letzteren die von außen andringenden Wärmestrahlen zurückwerfen. In der kalten Jahreszeit greifen wir zu dicken Lagen, die wir nach Bedarf vermehren und zu dunklen Stoffen, welche letzteren die Wärmestrahlen gern einsaugen.

Den Schnitt betreffend, so leuchtet ein, daß, da es nicht der Kleiderstoff als solcher, sondern die in ihm an=

gesammelte Luft thut, daß weitschichtiges Gewand besser wärmen muß als knapp anliegendes. Der noch vor Jahrzehnten bei uns übliche lange und weite Mantel, den ja das Militär beibehalten, war jedenfalls wärmer als der moderne Ueberzieher, der außerdem den unter ihm sitzenden Rock ruinirt. Freilich ersetzt er es durch stärkeres Tuch und Wattirung, welche letztere recht deutlich lehrt, wie der größere Luftgehalt maaßgebend ist. Die alltägliche Erfahrung, daß ein neuwattirter Ueberzieher oder Schlafrock weit wärmer hält als ein gebrauchter, erklärt sich einfach daraus, daß aufgebauschte Watte weit mehr Luft, also auch Wärme führt, als zusammengedrückte. Erneuerung und Wattirung ist daher eine wesentliche Verbesserung abgenutzter Winterkleider.

Was der Schnitt in Bezug auf die Athmung zu beachten habe, wurde schon Buch I, Cap. 8 (am Schluß) angedeutet. Hier sei hinzugefügt, daß der Rock in der Taille fest, oben aber leichter zu knöpfen ist, wo dann das Gewicht, das beim Ueberzieher bis 10 Pfund geht, nicht unmittelbar auf dem Schultergürtel lastet. Schwächlinge tragen besser einen seidenen mit Daunen gefüllten Stepprock und über diesem, wenn's sein muß, einen Pelzrock.

Was bei der Taillentracht dem Nacken abgeht, läßt sich durch vernünftige Zulage ersetzen, während wir die Pelzkragen schon als schädlich bezeichneten. Folgende Auseinandersetzung will überhaupt versuchen, dieser Frage eine richtigere Beleuchtung zu geben als sie unter der verfinsternden Wirkung der Modewillkühr bis jetzt genießt.

Erinnern wir uns aus Buch 1. Cap. 1, daß dem aufrecht gehaltenem Körper beständig ein Luftstrom von unten nach oben entsteigt, so ist die allgemeine Klage ganz erklärlich, daß man um Schultern und Nacken am leichtesten friert, „Erkältung“ sich hier am raschesten festsetzt und die Luftströmung ist hier in der That um so lebhafter, je kälter die von außen andringende Luft. Umhüllung des Nackens und der Schultern wirkt wie etwa das Verschließen der Klappe einer russischen Röhre und wärmt so den ganzen übrigen, wenn auch sonst leichtgekleideten Körper. Jeder Badediener sagt uns, daß wir, wenn wir nach dem russischen Bade nicht wieder schwitzen wollen, den Bademantel nicht über die Schultern legen dürfen. Draußen empfiehlt es sich also bei kalter Jahreszeit, am besten unter dem Hemde, ein Tuch, nach Mädchenart zusammengelegt, über Nacken und Schultern zu breiten. Ebenso unverständig als entstellend ist die vorhin gerügte Unsitte der Umwurstelung des Halses, welche, da sie den Nacken nicht genug bedeckt, ihren Zweck gar nicht erfüllt, sondern nur einen Körpertheil verwöhnt, der von Rechtswegen entblößt getragen werden soll. Denn auf Erwärmung des Kehlkopfes oder überhaupt des inneren Halses, welche man zu beabsichtigen scheint, hat der Schlips nicht den geringsten Einfluß, wie denn ohnehin diese Organe das, was sie an äußerer Erwärmung etwa bedürfen, von der vorn auf der Luftröhre liegenden Schilddrüse, wohl auch vom Vollbarte beziehen. Möchte nach Alledem die Bekleidung des Halses wieder zu jener hübschen Tracht zurückkehren, die uns z. B. das Bild eines Lord Byron oder die Uniform unserer Marine zeigt! —

Hier folgen zwei Uebersichten, welche das Leitungsvermögen verschiedener Stoffe für Wärme verzeichnen.

Rumford, der bekannte Volksfreund, bestimmte es nach der Zeitdauer, welche der Stoff brauchte, um sich in einer Kältemischung um 135° F. abzukühlen. Es bedurfte:

Gedrehte Seide	917 Secunden,	Taffet	1169 Secunden,
Feiner Flachs .	1032 „	rohe Seide .	1264 „
Baumwolle . .	1046 „	Eiderdunen .	1305 „
Schaafwolle .	1118 „	Hasenhaar . .	1312 „

Krieger, ein Jünger Pettenkofer's, bestimmte die Fähigkeit, die Wärmeleitung zu hemmen, nach Procenten und fand für

Dünnes Seidenzeug . . .	3 %	Flanell	14 %
Guttaperchatuch	4 „	Sommerbukskin	12 „
Shirting	5 „	Winterbukskin . . .	16—26 „
Leinwand	5 „	Doublestoff	15—31 „
Dickeres Seidenzeug . . .	6 „	Lose Watte	56 „
Dickere Leinwand	9 „	Zusammengedrückte Watte	28 „
Waschleder	10—12 „		

Drittes Capitel.

Theorie der Bekleidung mit Rücksicht auf Verdunstung.

Die im vorigen Capitel entwickelte Praxis läßt sich allgemein dahin zusammenfassen, daß sie die Strahlung von der Körperfläche mäßigt und in langsamerem Tempo auf die Kleidung überträgt, die Entwärmung hauptsächlich auf den Weg der Leitung beschränkend. Wäre der Körper wie der todte ein blos strahlender Ofen, so ließe sich durch hermetischen Abschluß alle Wärme im Weichbilde der nackten Fläche aufstapeln und so das Ideal manches Verwöhnten, stets Backofenwärme zu genießen, verwirklichen. Leider aber besitzen wir auch die Eigenschaft der Ausdunstung und wohin schon der bloße Verschluß mit dem undurchgängigen Gummi führt, sahen wir bereits in Buch I, Cap. 3: Der Dunst schlägt sich auf der Haut und in den Kleidern nieder und bescheert uns einen nassen Umschlag, der erkältend wirkt, denn Wasser entzieht uns 4 mal mehr Wärme als Luft. Dazu kommt, daß die mit Luft eingesperrte Feuchtigkeit erstere auch zersetzen und verderben muß, daher das unbehagliche Gefühl durchnäßter Wäsche doppelten Grund hat. Ordentlich freier athmen wir auf, wenn wir sie endlich durch trockene ersetzt haben.

Diesem Umstande ist wesentlich die schon verzeichnete Erfahrung zuzuschreiben, daß luftige Kleidung besser wärmt, denn mit der Luft entweicht zugleich der Wasserdampf, ohne vorher durch die Kleidung zu tropfbar flüssiger Form niedergeschlagen zu sein. Doch kann schon luftige Kleidung, zur Unzeit gehäuft, uns in Schweiß bringen, namentlich wenn wir durch Marschiren die Hautventilation fördern. Der Rock, der uns bei ruhigem Sitzen behagt, wird schon nach wenigen Minuten Gehens unbehaglich. Im Uebrigen lenkt diese Thatsache unsere Aufmerksamkeit noch auf eine andere Eigenschaft der Bekleidungsstücke, als die des guten oder schlechten Leitungsvermögens, nemlich auf deren hygroscopisches Verhalten.

Längst bekannt ist die Erfahrung, daß man in leinener Leibwäsche, die doch nach obiger Tabelle kühler ist, weit eher, auch im Sommer, schwitzt als in flanellener, welche doch viel schlechter leitet. Dies kommt aber ganz einfach daher, daß jene nur wenig Feuchtigkeit ansaugt und sie dann langsamer abgibt, als diese, welche gegentheils viel mehr aufnimmt, aber nur halb so schnell abgibt oder, wie Pettenkofer es ausdrückt, „langsamer hygroscopisch arbeitet". Dazu kommt noch eine Eigenschaft, welche es weiter begründet, daß dem Flanell sowohl kühlende als wärmende Wirkung zugeschrieben wird, nemlich die große Strahlungskraft seiner körnigen Oberfläche. Krieger füllte zwei Blechbüchsen mit gleich warmem Wasser und verschlaß sie lufdicht, überzog alsdann die eine mit Flanell, die andere stellte er blank hin: jene gab ihre Wärme weit rascher ab als diese.

Trug man früher, wo Leinwand noch unbekannt war, ausschließlich wollene Leibwäsche, so ist man jetzt in das andere Extrem verfallen, hauptsächlich wohl mit Rücksicht auf die größere Wasch- und Trockenfähigkeit, leinene Hemden anzulegen. Jedem zur Transpiration Geneigten ist aber das Tragen flanellener Unterjacken (mit kurzen Aermeln und Ausschnitt in der Achselfalte) als bester Schutz gegen Erkältung zu rathen, nur daß sie oft gewechselt werde.

In der warmen Jahreszeit thun es die Patent-Filet-Hemden der Herren Carl Metz und Söhne zu Freiburg i. Br., aus Baumwolle oder Seide, dem Flanell noch zuvor, weil sie Durchfeuchtung kaum fühlen und sich auch rascher waschen und trocknen lassen. Recht bewährt und für alle Jahreszeiten passend, beim Waschen nicht einlaufend und, obgleich straff anliegend, doch auf der Haut kaum fühlbar, sind die Unterkleider aus Crepp, welche neuerdings Herr Strähl-Siebenmann in Zofingen (Schweiz) in den Handel gebracht hat.

Viertes Capitel.

Praxis der Bekleidung.

Die vorigen Capitel beschäftigten sich vorzugsweise mit Bekleidung des Hauptstockes unseres Körpers, des Rumpfes. Das vorliegende geht auf specielle Praktiken mit besonderer Rücksicht auf die in B. I, Cap. 17 erörterten Verhältnisse des Blutwasserstandes und der Blutvertheilung ein, bei welch' letzterer die beiden Endpunkte des Körpers entscheidend eingreifen.

Um mit der sogenannten Kopfbedeckung zu beginnen, so werden sich nur Wenige entschließen, baarhaupt über die Straße zu gehen und nichts Trübseligeres gibt es als den Gesichtsausdruck des Unglücklichen, der, weil ihm der Wind die Mütze in den Strom getrieben, in bloßem Kopfe nach Hause gehen muß! Nichts desto weniger sagt sich der Hygieiniker, daß dieser Zwang lediglich auf bloßem Herkommen beruht, während von Rechtswegen der Kopf einer künstlichen Erwärmung gar nicht bedürfe. Ehe er sich daher bei Sturmwind damit abquält, den Cylinder oben festzuhalten, läßt er sich lieber die Haare in Unordnung blasen und trägt die Bürde in der Hand.

Der Kopf wird erstens, wie wir schon wissen (B. I Cap. 17), von Haus aus mit Wärmezufuhr überreichlich bedacht und zweitens sehen wir ihn am Scheitel mit einem natürlichen Pelzwerk ausgestattet. Bekanntlich stellt sich Schweißbildung immer zuerst an der Stirne ein, was also durch Bedeckung nur noch begünstigt wird. Machen wir also die Mode mit, so können wir sie nicht leicht und durchläßig genug wählen. Wie der preußische Helm, der übrigens leicht und bequem sitzt, im Knopfe mit einer Ventilationsvorrichtung versehen ist, so soll auch der bürgerliche Hut im Krempenfutter Luftröhren und im Boden ein Luftloch führen, was beides auf Verlangen von jedem Hutmacher geschafft wird. Wenn die Bewohner heißer Länder, die sich übrigens gern den Kopf scheeren und rasiren, hohe Turbans u. dgl. tragen, so hat dies in der That den hygieinischen Zweck, den Kopf vor direkter Einwirkung der Sonnenstrahlen zu schützen; bei uns zu Lande genügt der Sonnenschirm, dessen sich vernünftiger Weise jetzt auch Männer bedienen.

Nach Alledem ist die beliebte Warmhaltung des Kopfes mit Pelzmützen, zur Nachtzeit mit Zipfelmützen vom Uebel; ursprünglich wohl in der Absicht, Frisur und Scheitelung in Ordnung zu erhalten, die Bettwäsche vor Beschmutzung zu schützen, eingeführt, hat sie bedenklicher Verweichlichung Vorschub geleistet, welche die Ursache der überhandnehmenden Kahlköpfigkeit und des vorzeitigen Ergrauens der Haare geworden ist. Belachenswerth auch bleibt der Philisterbrauch, der beim Eintreten von draußen bedeckt bleibt, oder beim Hinausgehen auf den Hof sich bedeckt, um sich den Kopf nicht zu erkälten! — Ganz verwerflich aber ist die von den Eltern betriebene Warmhaltung des Kinderkopfes, um so verwerflicher, je stiefmütterlicher die Füße bedacht werden: Kopfausschlag und sonstige Unreinigkeit ist die gewöhnliche Folge. Die Unruhe, welche uns im Coupé an kleinen Passagieren mit dicken Wollenmützen, aber dünnem Schuhwerk und kurzen Röckchen so belästigt, kommt hauptsächlich auf Rechnung des Ungemachs, das ihnen der heiße Kopf verursacht.

Wer dieser Ausführung etwa mit dem Einwande begegnet, er habe einmal vom Hinausgehen mit bloßem Kopfe Rheumatismus bekommen, dem sei vorgehalten, daß er sich auch im warmen Raum Rheumatismus holen würde, wenn er etwa gleich den zarten Fräuleins mit bloßem Nacken einherginge. Diesen aber thut die Entblößung keinen Schaden, obgleich doch der Hals jenes natürlichen Pelzwerkes entbehrt. Es kommt eben alles, wie's im Faust heißt, nur auf Gewöhnung an und die Gesundheitslehre ist die Wissenschaft von den gesunden Gewohnheiten.

Zu den ungesunden Gewohnheiten, die auch erst neuerdings einreißen, rechne ich ferner das überhandnehmende Pelztragen in noch jungen Jahren. Aus meiner Jugendzeit erinnere ich mich, daß viele Mitschüler in der kalten Kirche im einfachen Tuchrocke aushielten und Mantelträger Gefahr liefen, ausgelacht zu werden. Ebenso setzten ältere und dabei wohlhabende Herren ihren Ehrgeiz darein, sich der Zulage eines Pelzes zu entschlagen. Jetzt glaubt die jüngere Generation schon der Repräsentation etwas zu vergeben, wenn sie nicht zeigt, daß „ihre Mittel ihr das erlauben". Die Wärme dieses Stoffes beruht darin, daß er die Strahlung nach außen so gut wie ganz aufhebt, also jedem halbwegs Kräftigen beim Gehen bald unerträglich wird. Er sollte daher für die Altersstufe verspart werden, in welcher die Wärmeregelung natürlicher Weise nachläßt, die Heizung durch Essen und Trinken von selbst auf ein geringeres Maaß beschränkt wird, die Entwärmung weniger durch Verdunstung, mehr durch Strahlung, aber auch verhältnißmäßig sparsam vor sich geht. Wer dagegen schon im Jugendalter, wo er sich mit Fleisch, Bier, Wein überheizt, zum Pelze greift, ruinirt seine Wärmeregelung vorzeitig und hat im Alter nichts mehr zuzusetzen. Keinem soll die Freude über das kostbare Weihnachtsgeschenk verkürzt werden; wenn aber, wie in unseren letzten Wintern, kein Pelzwetter herrscht, so muß es eitel Thorheit gescholten werden, die Sibiritenhülle „spazieren zu tragen". Herrschen aber draußen — 10° R. und geht starker Wind, so mag man sich die Wohlthat gönnen. (Weiteres siehe in folg. Cap.)

Ueber der Sorge für Erwärmung des Kopfes und Rumpfes vernachlässigt man ferner die Parthien, welche vor Allem diese Aufmerksamkeit verdienen, nicht nur weil sie an und für sich leichter frieren, sondern auch, weil sie gewissermaßen die Vorposten der Erwärmung des ganzen Körpers abgeben, nemlich Füße und Hände. Zunächst ist zu beachten, daß die Finger- und Zehenspaltung, indem sie die strahlende Fläche vergrößert, die Wärmeabgabe von vornherein begünstigt, sodann der schon (B. I Cap. 17) verzeichnete Umstand, daß diese Theile auch von innen her verhältnißmäßig wenig und spät Wärme empfangen. Je kälter aber die Füße, um so leichter wird der Kopf heiß, zumal wenn er in der vorhin gerügten Weise verwöhnt wird.

Als erste Methode, Füße und Hände warm zu erhalten, lernten wir Körperbewegung kennen und auf Arbeitsplätzen können wir sehen, wie man sich durch ein improvisirtes Exercitium Wärme in die Finger treibt. Anlegung von Pulswärmern wirkt wie das Bedecken des Nackens mit einem Tuche: der Aermel wird abgeschlossen und läßt daher die in seinen Räumen aufgestapelte Luft langsamer entweichen. Bei Bekleidung der Hände wie der Füße (denen später noch ein Capitel gewidmet werden muß) ist ebenfalls auf Weitschichtigkeit zu halten. Enganliegendes Glacé fördert sowohl die Strahlung von der Haut als von der Hülle und macht im Winter erheblich frieren. Bei weitschichtiger Umhüllung, zumal durch Fausthandschuh oder Muff, wird die Vielseitigkeit der strahlenden Fläche zur Heizung der umgebenden Luft passend verwerthet. Im Uebrigen eignet sich zu Winterhandschuhen weiter Bukskin oder Wasch (namentlich Wild=)Leder am besten, im Sommer gewirkter Stoff, weil er ähnlich dem Flanell hygroscopisch arbeitet.

Beiläufig bemerkt verdienten am Kopfe die freistehenden, verhältnißmäßig großen Flächen der Nase und der Ohrmuschel besondere Zulage, wie denn Erfrierung dieser Theile gar nichts Seltenes ist, zumal in Rußland, wo es Mode sein soll, bei Begegnung auf der Straße einander die Nase mit Schnee einzureiben. Da es aber bei der Nase überhaupt schlecht geht und Ohrklappen, die beim Schlittschuhlaufen niemals fehlen sollten, schlecht kleiden, so schlägt Gedankenlosigkeit ihrer Aengstlichkeit hier unbedenklich ein Schnippchen! —

Um nun wieder zur Praxis im Ganzen und Großen zurückzukehren, so wird der Denkende sich weiter darin von der Mode losmachen, daß er nicht, wenn Winter im Calender steht, nun auch gleich zur Wintertracht greift und sie unentwegt weiter trägt, bis wieder Frühling darin steht, sondern er wird jedesmal sein durch Abhärtung gestähltes Bedürfniß und demnächst das Thermometer maaß=

gebend heißen. Ist es verhältnißmäßig warm, so scheut er sich nicht, mitten im Winter den Sommerüberzieher anzulegen oder wenn es ihm trotzdem kalt vorkommt, so forscht er erst, ob dies nicht von unterlassener Bewegung komme und heizt sich dann lieber auf diesem Wege als mit Hülfe einer Kleiderbürde.

Ein großer Uebelstand, den die moderne Wintertracht nach sich zieht, ist die Neigung, sie auch im geschlossenen warmen Raume anzubehalten, während der altväterische Mantel nothgedrungen abgelegt wurde. Aber stundenlanges Verweilen mit dem Ueberzieher am Leibe in einer von Ofenhitze und Menschendunst erwärmten Versammlung, Restauration u. s. w. muß zu vorübergehender Erhitzung und immer steigender Empfindlichkeit gegen die Kälte draußen führen, zu ersterer um so mehr, je mehr mit geistigem Getränke von innen geheizt und mit schlechter Luft die Lungenventilation darniedergehalten wird.

Der ungleichmäßigen Bekleidung vornemlich haben Büreaubeamte ihre Klage „heißer Kopf und kalte Füße" (vergl. B. I, Cap. 17) zu verdanken; denn so warm sie oben gekleidet sind, so kalt halten sie mit dünnem Schuhwerk bei kaltem Fußboden ihr Untergestell. In allen Büreaus sollte es darum „Mode" werden, daß weites, warmes Fußwerk, selbst Filzstiefeln ad hoc angelegt werden. Am bedenklichsten gestaltet sich dieses Mißverhältniß, wenn von draußen naße Füße oder richtiger naße Strümpfe mitgebracht werden. Die warme, trockene Stubenluft steigert nemlich die Verdunstung in einem Grade, von dem folgende Berechnung eine Vorstellung gibt. Schlägt man die durchnäßte Strumpfwolle auf nur 3 Loth an, so ist zur Verdunstung des darin angesammelten Wassers so viel Wärme erforderlich als man nöthig haben würde, um ½ Pfund Wasser von 0° zum Sieden zu bringen oder mehr als ½ Pfund Eis zu schmelzen. Dieser Punkt sei ferner den Eltern mit Rücksicht auf die Schulkinder empfohlen, welche bei Schneewetter stundenlang mit nassen Strümpfen im heißen Raume verharren müssen. Beherzigenswerth erscheint danach die vom Schulhygieiniker Guillaume vorgeschlagene Einrichtung, daß den Schülern Gelegenheit geboten werde, ihre Fußkleidung gegen trockene zu vertauschen. (Weiteres über Schuhwerk s. Cap. 9.)

Seien es nun die Füße allein oder der ganze Körper, der sich aus irgend welchem Grunde durchnäßt fühlt, so gilt allemal die Regel, sich trocken umzukleiden, nachdem man sich vorher gut abgerieben. Entschieden gewarnt aber muß werden vor den „wasserdichten" Gummiröcken, welche eben auch schweißdicht sind und allenfalls beim Fahren, Reiten, zur See bei feuchter Luft passen, die ohnehin die Ausdünstung darniederhält. Die „porös-wasserdichten" Kleidungsstücke, die hie und da angepriesen werden, bestehen aus chemisch- (vermuthlich mit essigsaurer Thonerde) präparirtem Zeuge, welches der Durchnässung verhältnißmäßig lange Stand hält.

Dies vorausgeschickt, läßt sich für den an der Scholle klebenden Bürgersmann mit regelmäßigem Tageslauf und Vorsicht im Essen und Trinken im Allgemeinen festsetzen, daß er im Sommer eine Kleidermasse von etwa 2 bis 3 Kilogramm, im Winter eine solche von etwa 6 bis 7 Kilogramm bedarf, deren Wirkung eine solche ist, als ob man sich im nacktem Zustande in windstillem, freiem Luftkreise von 24 bis 30° C. befände. Abweichungen werden in dem Maaße erforderlich, als man sich mehr Bewegung macht oder über Gebühr ißt und trinkt, wo dann immer die Rücksicht auf Regelung jener lebenswichtigen Frage vom Blutwasserstande (B. I Cap. 17) zu verständigem Wechsel mahnt. Doch muß in diesem Stücke Jeder seine besondere Natur erkennen und leiten lernen.

Hier mögen noch einige Winke für den Ausnahmezustand des **Reisens** folgen, und zwar in seiner doppelten Form: der Wanderung und des Eisenbahnfahrens.

Fünftes Capitel.

Reisediätetik.

Die Vorschriften, welche die Reisehandbücher bezüglich der Kleidung bringen, beziehen sich ausschließlich auf Verhütung von Erkältung. Da man nun aber zum Vergnügen zumeist in der warmen Jahreszeit reist, so dürften an erster Stelle Vorschriften zur Verhütung der Erhitzung angebracht sein. Nirgends mehr aber wie hier drängt sich die Nothwendigkeit auf, die passive Wärmeregelung in Verbindung mit der aktiven, nemlich mit Essen und Trinken zu betrachten.

Wer nach längerer Zeit der bürgerlichen Ruhe und des guten Essens und Trinkens eine Reise antritt, muß sich darauf gefaßt machen, daß er in den ersten Tagen stärker schwitzen wird als nachher, wo er durch tägliche Bewegung den daheim angesammelten Ueberschuß abgegeben hat. Mag er sich noch zur Fahrt wie gewöhnlich kleiden, so muß er beim Antritt der Wanderung zu einer verhältnißmäßig leichten Tracht übergehen, um sich nicht gleich in den ersten Stunden in Schweiß gebadet und in die Nothwendigkeit eine Wäschewechsels versetzt zu sehen. Andererseits darf er nicht, falls sie ihm eigen ist, die Gewohnheit des Biertrinkens fortsetzen. Auf Extrafahrten beobachtet man Leute genug, welche bei keinem Büffet oder bieranbietendem Kellner vorüberfahren können, ohne sich zu stärken. Die Folge ist, daß sie schon am Abgangspunkte erhitzt und schläfrig ankommen und kaum den ersten Berg zu besteigen vermögen. Der Alcohol nemlich regt neben der ungewohnten Bewegung die Herzthätigkeit selbstständig auf und so kämpft die Wärmeregelung beim Marschiren mit der natürlichen und künstlichen Reizung in ungemüthlichster Weise; das Getränk aber lagert sich, ehe es ausgeschwitzt wird, wie Blei in den Muskeln ab und so laufen wir leicht Gefahr, uns, statt uns auszulaufen, festzukneipen und festzuschlafen. Aber auch wenn wir Ersteres fertig bekommen, bleiben wir dermaßen in Transpiration, daß der Vorrath an trockener Wäsche bald zu Ende ist. Die richtige Diät während der Wanderung ist neben dem etwa mitgenommenen festen Imbiß Genuß von Wasser, Milch, Obst. Erst Abends nach vorläufiger Niederlegung des Wanderstabes ist eine Hauptmahlzeit nebst stärkendem Trunke ebenso zulässig als erquickend, besonders wenn ein Vollbad oder eine naßkalte Abreibung vorausgeschickt wurde (vgl. B. I Cap. 6).

So sehr ich mich gegen Biertrinken während des Marsches erklären mußte, so entschieden habe ich reichlichem

Quellwassertrinken das Wort zu reden, namentlich bei Denen, die etwa von Hause die verderbliche Muhmenregel mitnahmen, daß kalter Trunk bei erhitztem Körper schädlich sei. Bei starker Hitze zumal wird, wer nicht viel kaltes Wasser zu sich nimmt, um so rascher erliegen, je weniger er an solche Strapazen gewöhnt ist, denn seine Wärmeregelung ermangelt derjenigen Elasticität, welche der geübte Wanderer der übermäßigen Transpiration und der Entbehrung entgegengesetzt. Der sogenannte Hitzschlag, dem so mancher Feldarbeiter oder Rekrut im Dienste erliegt, kommt weit weniger auf Rechnung der äußeren Sonnenwirkung als der erschöpften Ausdünstung, welche, da sie nicht durch Zufuhr von Wasser ersetzt wurde, den Blutwasserstand versiechen machte, das Blut wie bei Cholera eindickte. Dieser Eindickung bei Zeiten vorzubeugen, spendet uns eben die Natur hie und da sprudelnde Quellen, für deren Genuß wir uns mit einem Trinkbecher zu versehen nicht unterlassen. Bei'm Militär, wo jene Muhmenregel unbegreiflicher Weise bis vor Kurzem gehegt wurde, ist ihre Befolgung jetzt endlich als Ursache der vielen Erkrankungen auf Märschen erkannt und das Verbot des Wassertrinkens aufgehoben.

In Anbetracht der gesteigerten Hautventilation und des geringeren Bedürfnisses nach Erwärmung empfiehlt sich als Leibwäsche durchgehends das Filet-Hemd (s. Cap. 3), welches am Reiseziele erforderlichen Falls durch Flanell ersetzt werden mag.

Was nun den Schutz gegen Erkältung betrifft, so gilt er zuerst derjenigen, die man sich mit naßer Leibwäsche zuziehen kann, welche also möglichst bald zu wechseln ist.

Geht das nicht sogleich, so ist es ganz verkehrt, den Rock zuzuknöpfen und den Kragen hochzustülpen, denn man hebt damit die Ventilation auf und bereitet sich einen kalten Umschlag. Weit zuträglicher ist's in solchem Nothfalle, vielmehr Alles aufzumachen, um die Wäsche am eigenen Körper an der Luft zu trocknen.

Bedürfniß nach größerer passiver Erwärmung wird durch jene Temperaturwechsel herausgefordert, wie sie beim Betreten von Berggipfeln, Thalschluchten, bei Hereinbrechen von Winden oft jäh' eintreten. So ungerne sich die Meisten auf Fußreisen mit dem Ueberzieher schleppen und je vorübergehender solche Wechsel eintreten, um so näher liegt der Wunsch nach einem Kleidungsstück, welches mit handlicher Tragbarkeit die Fähigkeit verbindet, rasch angelegt und ebenso rasch abgelegt zu werden, auch die Lüftung des erhitzten Körpers nicht zu unterbrechen. Diese Eigenschaften nun vereinigt im vollsten Maaße der moderne Plaid, bei männlichen wie weiblichen Touristen in kurzer Zeit mit Recht rasch beliebt geworden, am besten von feiner Wolle und dünnem, dichten Gewebe. Der Reiselehrer A. Michelis hat nicht Unrecht, wenn er diesem Stücke nachrühmt, daß es dem Touristen ebenso wichtige und mannigfaltige Dienste leiste wie „das Kameel dem Sohne der Wüste, das Rennthier dem Lappen“.

Als Behälter für die mitzunehmenden Effekten eignet sich am Besten der neuerdings wieder in Aufnahme kommende Ranzen aus wasserdichtem Tuch. Kein Körpertheil vermag leichter und ausdauernder eine Last zu tragen als der Rücken und außerdem halten die Schulterriemen des Ranzens vom Zusammenknicken des Schultergürtels ab und zum Spitzenathmen an (vgl. B. I, Cap. 8).

Das Gegenstück zum Wandertouristen ist der Coupétourist, für Viele bereits ständige Berufsart, aber auch ebenso Quelle der Erkrankung geworden, daher die volle Aufmerksamkeit des Gesundheitslehrers verdienend. Die Lebensweise im Coupé kann nemlich der Gesundheit ebenso schädlich werden, wie die unbewegliche Lebensweise des Comptoiristen oder Professionisten, und namentlich die Wärmeregelung aus dem Gleichgewichte bringen. In dieser Hinsicht ist schon die Art des Antritts der Reise beachtenswerth. Die Hast, den Zug nicht zu versäumen, verschuldet einen Dauerlauf in bereits angelegter Reisekleidung, der uns in Schweiß gebadet ankommen läßt, während keine Zeit zum Wechsel der Leibwäsche geboten wird. Löschen wir dann den mitgebrachten Durst mit einem eiligst hinabgestürzten Seidel Bier und hüllen uns hierauf bis oben in den Pelz, so werden wir sicher schon auf einer der nächsten Stationen eine „Erkältung" weg haben.

Richtige Praxis bereitet sich schon von Haus aus bedächtig zur Reise vor, meidet bereits Abends zuvor Ueberheizung mit Speise und Trank und begibt sich in einfacher Kleidung, langsamen Schritte oder im Gefährt zum Bahnhofe. Erst im Coupé wird nach Maaßgabe der Witterung Ueberzieher oder Pelz angelegt; letzterer ersetzt zur Nachtzeit das Bett, auch wohl die höhere Wagenklasse. Am Tage jedoch muß mit voller Einhüllung größte Vorsicht beobachtet, die erwärmende Zuthat vielmehr an erster Stelle dem Fußwerke zugewendet werden. Auf kurzen Fahrten genügt daher der Fußsack oder der Plaid, um die Füße geschlagen. Je anhaltender die Fahrt, um so mehr muß man sich hüten, sich mit Spirituosen, Caffe u. dgl. zu überheizen, was leicht heißen Kopf und Schweißausbruch bewirken kann. In diesem Sinne wurde schon der neuen Einrichtung von freier Wassertrinkgelegenheit auf den Bahnhöfen rühmend gedacht (B. I, Cap. 13). Auch mit Essen sei man auf solcher Transporttour höchst mäßig.

Sechstes Capitel.

Das Bett.

Unser Anzug ist ein tragbares, unser Bett ein feststehendes Kleid, das wir um die Stunde anlegen, wo die Wärmeregelung den höchsten Grad des Decrescendo (vgl. B. I, Cap. 20) erreicht und sich nur durch Athmung unterhält. Hineinlegen wir uns, weil in dieser Haltung alle Muskeln ruhen und auch das Rückgrat von der Kopfbelastung frei wird. Die weitere Folge ist, daß der am aufgerichteten Körper in der Längsachse gehende Luftstrom (vgl. B. I, Cap. 1 u. d. B. Cap. 2) die Richtung der Querachse einschlägt, also in weniger empfindlicher Weise Wärme entführt. Bei so herabgestimmter Wärmeregelung ist es ferner von Wichtigkeit durch möglichst weitschichtige Umhüllung die Strahlwärme aufzustapeln, die Abkühlung durch schlechte Leitung zu hemmen. Gleichwohl ist damit noch nicht gesagt, daß wir uns über Nacht durchgehends in jene wärmste Form verkriechen müssen, welche für den deutschen Mittelstand den Begriff „Bett" auszufüllen scheint, nemlich Federkissen. Mit Rücksicht auf diese landläufige Vorstellung muß die Gesundheitslehre ebenso wie's vorhin bei der Kleidung geschah, die Warnung voranstellen, daß man sich im Bette auch überheizen kann. Wie sehr kleine Kinder diesen Uebelstand der herkömmlichen Pflege empfinden, lehrt die Erfahrung, daß sie sich fast durchgängig und trotz Festbindens über Nacht blos legen. Für Kinder, welche über die erste Zahnung hinaus sind, passen Federbetten in der That nicht und so haben denn auch die Engländer nur lange', weit über die Füße reichende Gewänder für ihre schlafenden Kinder. Auch für größere Kinder und Jünglinge wird schon von jeher auf heiße Betten die Verführung zu allerhand Verirrungen der Naturtriebe geschoben und wenn gerathen wird, Solche auf einer einfachen Matratze schlafen zu lassen, so ist damit nicht etwa auf die Härte des Lagers, sondern auf die weniger hitzende Eigenschaft eines von Feder-Unterlage befreiten Bettes Bedacht genommen. In der warmen Jahreszeit sind überhaupt für alle Altersklassen, die höchste etwa ausgenommen, Matratze und Steppdecke das richtige Nachtkleid; bei Eintritt der kalten mögen die Federkissen und Decken hervorgeholt, aber nicht in jener Massenhaftigkeit gethürmt werden, wie man sie in den Bettstellen biederer Landsleute zu sehen bekommt. Ganz falsch ist es vollends, sich in halbsitzender Haltung zu betten, womit man das freie Spiel des Bauchathmens hindert, auf welches allein im Schlafe die Lungen angewiesen sind. Am besten ist, sich kerzengerade, also auf dem Rücken, nicht „auf's Ohr", nur mit einer Rolle unter dem Genick zu lagern.

Wenn's auch von Hofleuten „affektirt" gescholten wurde, so muß es der Hygieiniker musterhaft finden, daß Kaiser Nicolas von Jugend auf bis zum Tode, daheim wie auf Reisen, auf einem ledernen, täglich mit frischem Stroh gefüllten Sacke schlief! —

Wie bei der Kleidung, so bleibt bei der Bettwäsche äußerste Reinlichkeit Pflicht. Durch die Ausdünstung und sonstige Verunreinigung, wenn solche sich ungestört anhäufen, wird das Bett zur Brutstätte ungeahnter Krankheits- und Ansteckungskeime. Schlechte Federsorten, die gerne durch künstlichen Anstrich verfälscht, aber an ihrer verhältnißmäßigen Schwere als solche leicht erkannt werden, sind außerdem eine nie versiegende Quelle des Staubes — die Aerzte wissen von den Eindrücken zu erzählen, die sie beim Eintritt in Stuben empfangen, wo eben die Betten gemacht werden. In noch höherem Maaße gilt dies vom Strohsacke, der im Uebrigen die beste Unterlage für Alle bleibt, welche auf Drahtnetz- oder ähnliche Matratzen verzichten, wenn er nicht häufig erneuert, sondern der erste Inhalt durch Wochen täglich zertrümmert und zerstäubt wird.

Eine weitere Bettplage ist bekanntlich das Ungeziefer, Wanzen und Flöhe, deren reichliche Bisse schon manchem Kinde das Ansehen der Masernkrankheit beibrachten. Bestes Vertilgungsmitttel ist persisches Insektenpulver, sicherstes Schutzmittel die fugenfreie eiserne Bettstelle.

Sehr zu wünschen wär's, wenn von dem Luxus und dem Reinlichkeitsaufwande, der auch von kleinen Leuten draußen auf die Kleidung verwendet wird, ein gut' Theil drinnen auf das Kleidungsstück übertragen würde, das uns auf fast ein Dritttheil unserer ganzen Lebensdauer umgibt und uns je nachdem zum lebenspendenden Ruhelager oder zur verderblichen, am Busen genährten Schlange wird! —

Zweiter Abschnitt.

Die Kleidung in ihrer Beziehung zur Mechanik des Körpers.

Siebentes Capitel.

Wohlgestalt und Mode.

„Le laid c'est le vrai beau."
V. Hugo.

Im vorigen Abschnitte fand die Hygieine unsere „Moden" im Widerstreit mit der Wärmeregelung, in diesem findet sie dieselbe im Widerstreit mit den Gesetzen natürlichen Aussehens und gesunder Gestaltung. Um erstere, mehr in's ästhetische Gebiet schlagende Frage wenigstens oberflächlich zu berühren, so scheint mit den künstlichen Eingriffen in die Färbung, Stellung u. s. w. der Gesichtstheile der üblichen Lobpreisung des Menschenleibes als „Meisterstücks der Schöpfung" Gewalt angethan. Und nicht etwa blos die „Wilden", sondern auch die höchst Civilisirten machen sich dieses Gewaltstreiches schuldig. Wir tättowiren uns zwar nicht, wie die Neuseeländer, aber wir schminken uns doch, wir durchbohren zwar nicht die

Nasenscheidewand wie die Indianer oder die Lippen wie die Botokuden, wohl aber das Ohrläppchen, um wie Jene, Geschmeide daran zu hängen; wir bringen zwar unsern Kindern keine Spitz- und Flachköpfe bei, wie die Peruaner, aber wir halten doch auf Wespentaille und im südlichen Frankreich soll in der That auch jene barbarische Kopfmißstaltung üblich sein. Da nun aber die Praxis solcher und ähnlicher angeblichen „Verschönerungen" so alt ist wie die menschliche Gesellschaft, so muß ihr doch, wenn auch kein vernünftiger Grund, so doch ein bewußter Plan zu Grunde liegen und dieser scheint nach Allem, was man in Specialwerken darüber liest, dem Bestreben entsprungen, durch äußere Abzeichen verschiedene höhere Rangstufen kenntlich zu machen, etwa in derselben Weise, wie beim Militär Ausstattung und Pracht der Uniform höhere Grade zu erkennen gibt. Der Vernünftige wird nun selbstständig darüber nachzudenken haben, ob es dem Stande der vorgeschrittenen Bildung entspreche, im bürgerlichen Leben durch äußere Merkmale erzwingen zu wollen, was nur innerem Adel zukommt, und ob's nicht, wenn's nur gilt, materielle Ueberlegenheit zu bekunden, unter Verschonung des Körpers genügt, kostbare Gewandung zur Schau zu tragen. Freilich dürfen wir dabei nicht übersehen, daß, auch wenn diese Frage im Princip bejaht werden mag, die Ausführung auf große Schwierigkeiten deshalb stoßen muß, weil durch die von langer Hand genährte Gewohnheit des Anblicks das allgemeine Urtheil über das, was gut oder schön aussieht, irregeleitet ist, und zwar in einer Richtung, welche das diesem Capitel obenan gestellte Wort eines französischen Schriftstellers drastisch ausdrückt.

Im Uebrigen befaßt die Gesundheitslehre sich näher nur mit den Moden, welche außer der Verunzierung auch eine Schädigung der Körpergestalt nach sich ziehen.

Achtes Capitel.

Wickelung und Schnürung des Rumpfes.

Das bei uns, namentlich unter der städtischen Bevölkerung, erschreckend häufige Vorkommen von Verkrümmung des Rückgrats verdankt seine Entstehung vor Allem der ungesunden, weil das freie, gleichmäßige Wachsthum verhindernden Bekleidungsweise, mit der gleich in den ersten Monaten der Anfang gemacht wird, nemlich sogenanntes Wickeln des Säuglings, über welches Folgendes zu bemerken ist:

Beim neugeborenen Kinde sind Knochen und Knorpel noch so weich, daß sie sich beim geringsten Drucke verbiegen und krümmen; erst allmählich gewinnen sie durch die vom Käsestoff der Milch eingeführten Kalksalze eine gewisse Festigkeit, die aber beim Rückgrat in den ersten Monaten noch lange nicht ausreicht, um den Rumpf aufrecht zu erhalten und das Gewicht des Kopfes zu tragen. Wenn es so weit ist, verrathen's die Kleinen schon ganz von selbst durch freiwilliges Aufrichten und Aufsitzen sowie durch Stehversuche, wenn sie hochgehalten werden. Bis dahin, etwa bis zur zweiten Hälfte des ersten Lebensjahres halten sie die Sitzhaltung nur schlecht oder nur kurze Zeit aus und dem vorzeitig sitzend getragenen Kinde sieht man's gleich an der jämmerlichen Kopfhaltung an, wie unfähig es sich noch dazu fühlt. Bei näherer Untersuchung findet man ferner, daß es den schwachen Rückgrat nach außen krümmt. Die Gesundheitslehre verlangt nun, daß der Säugling so lange in ausgestreckter Körperhaltung belassen oder nur versuchsweise und je nachdem auf kürzeste Zeit zum Sitzen angehalten werde, als er nicht freiwillig Anstalten macht, den Kopf hoch zu tragen. Mit dieser, nach der vorausgeschickten Begründung durchaus einleuchtenden Vorschrift steht die landläufige Praxis in grellem Widerspruch, indem wir schon Kinder von wenigen Wochen sitzend tragen sehen und das auf mehrere Stunden des Tages. Diese Praxis wäre aber gar nicht ausführbar ohne Hülfe eines Kunstgriffs, der den schwachen Leib gewaltsam aufrecht erhält. Aus englischen Fabriken wird von Blechstiefeln berichtet, welche, über das Knie reichend, die arbeitenden Kinder, wenn sie aus eigener Kraft nicht mehr stehen können, mit Gewalt auf den Beinen erhalten müssen. Keine viel geringere Grausamkeit ist es, wenn man Säuglinge durch ein straffes Wickelband zum Aufrechtsitzen nöthigt und Alle, die mit kleinen Kindern zu thun haben, werden es Wort haben, daß ohne straffes, Unterleib und Brust fast vollständig umschnürendes Wickel der Zweck nicht erreicht wird. Abgesehen nun von der auf diese Weise eingeleiteten Schwächung des Rückgrates ist zu beachten, daß nicht minder Unterleibs- und Brustorgane geschädigt, namentlich die Athmung der unteren Lungentheile und die Herzthätigkeit unterdrückt werden. Die schon in Cap. 6 als Muster hingestellte englische Kinderhaltung kennt daher unser Wickelband nicht und wer geneigt ist, guten Rath anzunehmen, merke, daß der dritte Monat der früheste Zeitpunkt ist, in dem die Säuglinge überhaupt zum Sitzen angehalten werden dürfen.

Einen Seitenblick kann sich dies Capitel ferner nicht versagen auf eine Mode der Kinderhaltung, von der ich aber nicht weiß, ob sie bei uns allgemein oder nur in Norddeutschland verbreitet ist, nemlich den Kindertragemantel. Eingestandenermaßen wird dieses Kleidungsstück nicht mit Rücksicht auf das Kind, sondern auf die Trägerin gewählt, welche sich damit die Wartung außerordentlich erleichtert, indem sie einen Theil der Last mittelbar auf die andere Schulter überträgt und die linke Hand frei behält. Sieht man aber nach, wie die Hauptperson der Wartung bei dieser Anordnung wegkommt, so findet man, daß dem Kinde erstens die Beine unnatürlich gefesselt und verdreht werden, daß es zweitens gezwungen ist, seinen Rücken nach der Seite auszubiegen, welche, gewöhnlich die rechte, nach außen liegt. Selbst bei Kindermädchen, welchen der Mantel entzogen ist, soll man darauf halten, daß sie das Kind abwechselnd auf dem linken und rechten Arme tragen, um die Gewöhnung an einseitige Rückenhaltung und Athmung zu verhüten.

Ehe wir uns dem zweiten Gegenstande dieses Capitels, dem Schnürleibe, zuwenden, sei der Leser und auch ganz besonders die geehrte Leserin zu einer Umschau über die weibliche Kleidung überhaupt, zunächst mit Rücksicht auf das heranwachsende Geschlecht, eingeladen.

Bei'm Knaben hört mit dem ersten Jahre die Qual mit fesselnder Kleidung vorläufig auf; das Mädchen aber bleibt ihr in dem Maaße fortgesetzt unterworfen, als die

Familie sich getrieben sieht, aus ihm weniger ein Abbild der Germania denn ein französisches Mode- und Zierpüppchen zu ziehen. In der That scheint die neueste Mode, das „Costümkleid" dadurch ausgezeichnet, daß sie das unmittelbar Anliegende möglichst knapp zumißt und mehr als Anheftepunkte für das Flitterwerk von Tunica, Frisur und wie der Plunder sonst heißt, verwerthet. Schon das Bewußtsein, mit „Staat" behangen zu sein, verführt die Kleinen zu unnatürlichem, dem Pfauengange ähnlichen Auftreten; der knappe Schnitt des Kleides selbst aber verleitet sie zu Angewöhnung von Haltungsfehlern, welche die erste Stufe oder, wie man zu sagen pflegt, die Anlage zu Schiefwuchs bilden.

Wie sehr der modische Taillenschnitt freie Bewegung hindert, wird man inne, wenn man Mädchen eine Reihe der einfachsten Freiübungen vornehmen heißt: durch die Kleidung zeigen sie sich entschieden gehindert daran und wenige Turnstunden genügen, um das Kleid aus der Nath oder aus der Faser gehen zu lassen. Der Ausschnitt oben veranlaßt sie, da es beständig herabrutscht, ihn mit der Schulter heraufzuziehen und die unbehagliche Enge unten verleitet sie zu Ausbiegung des Rückgrats. Dazu kommt, daß bei solcher Tracht die Unterkleidung nicht, wie's sein sollte, an Schulterträgern hängen kann, sondern mit Bändern um die Hüften gebunden werden muß. Da dies gewöhnlich einseitig geschieht, so bilden die Bänder auf einer Seite einen Wulst, der zu falscher Hüftstellung anleitet. Eine Vielheit von Unterkleidern wird ferner, namentlich auf der Schulbank zur Ursache schiefer Hüfthaltung; denn indem sich das Mädchen von der Seite auf den Sitz zu schieben pflegt, bringt es unter die vorangehende Sitzhälfte eine größere, unter die andere eine geringere Kleidermasse und kommt so mit jener höher, mit dieser tiefer zu sitzen — eine Beobachtung, die jede aufmerksame Mutter oder Lehrerin bestätigt finden wird.

Die Grundlage dieser verkehrten Tracht ist, so oft sich auch der äußere Schnitt ändern mag, das dem Innern seit Jahrhunderten anklebende Schnürleib, welches nun einmal von Haus aus das Modell vorschreibt, dem sich die Außenhülle wohl oder übel anzuschmiegen hat. Die Wilden hätten nicht Unrecht, wenn sie unsere Glossen ob der von ihnen geübten Kopfmißstaltung damit beantworteten, daß sie in Sachen der Brusttracht „bessere Menschen" sind und wir selbst haben kein Recht, uns über die chinesische Mißhandlung des Fußes aufzuhalten, so lange wir den Unterleibsorganen, besonders der Leber, das Gleiche anthun. Wie das Schnürleib vorerst die normale Brustgestalt geradezu auf den Kopf stellt, lehrt die Vergleichung von Fig. 12 und 13, Meisterbilder, deren Vorlagen wir dem großen Münchner Anatomen J. Th. v. Sömmering verdanken, welcher schon vor 100 Jahren (1788) eine Schrift „über die schädlichen Folgen der Schnürbrüste" herausgab. Wenn diese von einer ersten Autorität ausgegangene Mahnung ziemlich in's Leere verhallt ist, so scheint die Hygieine sich mit Humboldt's Wort trösten zu müssen, daß zum Begreifen einer neuen Wahrheit 100, und zur Ausführung derselben aber 100 Jahre erforderlich seien! — Jedenfalls ist die gegenwärtige Generation zum „Begreifen" verständnißvoller und gutwilliger geworden als es unsere Urgroßväter waren.

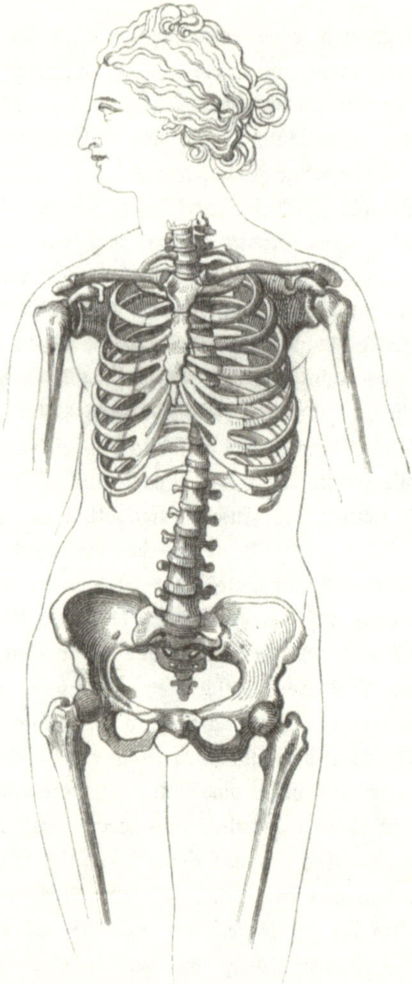

Fig. 12. Figur der mediceischen Venus mit eingezeichnetem Knochengerüst.

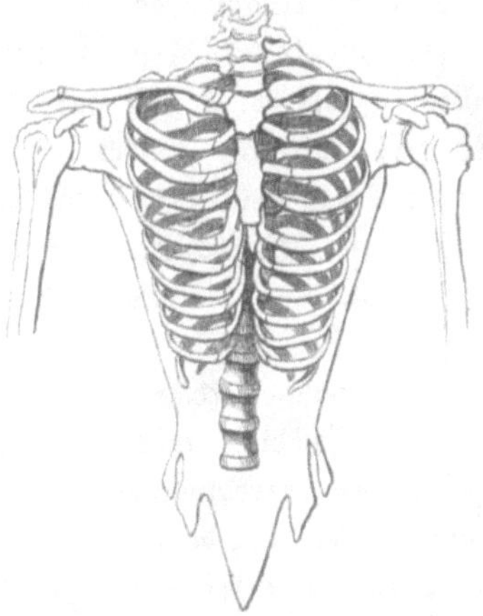

Fig. 13.
Knochengerüst des Brustkastens, durch Schnürleib verunstaltet.

Durch Vorführung des Knochengerüstes, wie es sich im Ganzen der Mustergestalt einer Venus von Medici ausnimmt, wollte Sömmering die natürliche Figur im grellsten Gegensatze zu der vom Schnürleib mißstalteten Jedem klar vor Augen führen. Jene stellt, wie man sieht, einen Kegel mit der Basis unten und der Spitze oben, diese einen auf die Spitze gestellten dar! — Uebrigens ist nicht zu verkennen, daß unser modernes Schnürleib sich gegen das alte, in Fig. 13 abgebildete, doch schon erheblich erweitert hat. Immerhin aber hat die Tracht noch die dem Menschenleibe naturwidrige Wespengestalt beibehalten.

Sömmering füllt mit Aufzählung der schädlichen Folgen volle 4 Seiten. Dies Buch beschränkt sich darauf die erheblichsten namhaft zu machen.

Erstens nemlich verhindert das Schnürleib das Vollathmen und keinem Manne wäre es möglich, in solcher Zwinge sich auch nur eine Viertelstunde lang zu bewegen. Wie es nun damit an einem Tanzabende auszuhalten ist, bleibt schier unbegreiflich und die üblen Folgen lassen auch nicht auf sich warten, nur, daß man zu deren Erklärung die Ausrede von der Erkältung, gewöhnlich durch angebliches kaltes Trinken bereit hat. Ein denkender Mensch aber muß sich sagen, daß Entziehung frischen Wassers während solcher erhitzenden Anstrengung nur neuen Schaden bringen kann. Von der Zulässigkeit solcher Erfrischung beim Tanzen gilt vielmehr dasselbe, was vorhin über die auf Märschen ausgeführt wurde. (Vgl. Cap. 5.)

Zweitens werden in gleichem Grade die Unterleibsorgane geschädigt, indem zunächst die Bauchpresse, dieser Hebel der Verdauungsthätigkeit nur mit halber Kraft wirken kann und dadurch kommt's zu jener großen Reihe mehr oder weniger ausgeprägter Magenbeschwerden und „Unterleibsstockungen". Besonders deutlich prägt sich die Culturplage der Leber ein, welche durch eine oft sehr tiefe Einschnürung in zwei Hälften getheilt wird: die von den Anatomen sogenannte Schnürleber, von welcher Bock einmal in der „Gartenlaube" redende Beispiele im Bilde brachte.

Drittens bewirkt der beständige Druck von oben Lageveränderungen der weiter unten gelegenen Organe, besonders der Geburtsorgane, welche vorfallen, sich nach vorn oder hinten beugen; außerdem auch Bruchschaden.

Viertens endlich führt diese Mode nicht blos zu jener, Fig. 13 ersichtlichen Mißstaltung des Brustkastens, sondern auch zu Schiefwuchs des Rückgrates, dessen Haltung in gerader Linie vom Schnürleibe nicht im Geringsten bestimmt wird. Grobe Täuschung ist's daher, wenn man sich von der Corsetnäherin vorreden läßt, Anlegen eines Schnürleibes helfe gegen eine bereits sichtbare Rückgratsverkrümmung. Die Täuschung beruht nemlich darin, daß das Corset die Krümmung uns vor den Augen der Außenwelt verbirgt, während sie darunter ungestört weiter fortbildet, bis schließlich die umfassendste und festeste Hülle nicht mehr im Stande ist, den Schaden geheim zu halten und noch weniger zu heilen.

Der ursprüngliche Zweck des Schnürleibes galt der Hochhaltung der Brüste, welche also bei Mädchen unter 14 Jahren noch gar nicht in Frage kommt und wenn auch den Erwachsenen nicht gewehrt werden soll, sich eines mäßigen Mieders zu bedienen, so muß für die im Wachsthum Begriffenen alles Ernstes gegen diese ganz überflüssige Einschnürung Verwahrung eingelegt werden. Der immer tiefer in das Erziehungswesen eindringende Turnunterricht, dessen Praxis mit dieser Modetracht unvereinbar, wird mit der Zeit der Abschaffung derselben erheblichen Vorschub leisten und die einzig gesunde Tracht, die Blouse, in Aufnahme bringen. Wer sich scheut, diese Aenderung für gewöhnlich einzuführen, sollte doch wenigstens in der Ferienzeit, welche die Mädchen etwa auf dem Lande verbringen, auf Blousenkleidung Bedacht nehmen. Gar nicht mitanzusehen ist es an sogenannten Sommerfrischen, daß sie selbst hier, wo sie sich wie freigelassene Füllen ergehen könnten, die Qual der engen, gestriegelten und gebügelten Modekleidung, welche „in Acht genommen" und adrett getragen werden muß, zu erdulden haben! —

Neuntes Capitel.

Schuhwerk.

Der geplagteste von allen Körpertheilen ist jedenfalls der Fuß! — Von Haus aus dazu bestimmt, die ganze Last zu tragen, wenn wir stehen oder gehen, wird ihm auch beim Sitzen, wie wir schon sahen (Buch I, Cap. 17 und drittes Buch, Cap. 4) durch kärgliche Wärmezufuhr von innen und außen das Dasein verleidet — kein Wunder also, wenn ihm oft der Angstschweiß ausbricht! — Anstatt daß wir nun den stillen Duldner wenigstens durch ein molliges Gewand entschädigten, verbittern wir ihm die Stimmung auch noch dadurch, daß wir ihn der Marterbehandlung des Schusters überliefern, der ihm schonungslos Leichdornen, Schwielen, Blasen, eingewachsene Nägel beibringt und selbst à la Chinois einschnürt! So lange aber das moderne Schuhwerk sich nicht bessert, so lange werden alle Kunstgriffe der Fußärzte, deren Mehrung bezeichnend ist, nur Flickwerk leisten. Die Völker, welche sich mit Sandalen begnügen, wie auch bei uns die Barfußgänger brauchen niemals Hülfe wegen Hühneraugen, Schweißfußes. u. dgl. Die reformatorische Mission, welche Sömmering für die Brustkleidung unternahm, hat für die Fußbekleidung neuerdings Professor G. H. Meyer in Zürich zu seiner Aufgabe gemacht und Pflicht dieses Büchleins erscheint es, an seinem Theile dazu beizutragen, daß die ebenso gründlichen als verständlichen Lehren dieses Fußfreundes Gemeingut werden. Hauptsache dabei ist vorerst genaue Einsicht in den besondern Bau des Fußes, der darin begründet ist, daß er allein den Menschen zu dem befähigt, was allen anderen lebenden Wesen versagt ist, nemlich zum aufrechten Stehen und Gehen.

Zu dem Ende ist unser Fuß in Form eines Gewölbes aufgebaut, zu dessen Zusammensetzung 26 einzelne Knochen beitragen (vgl. Fig. 14): Davon kommen 14 (Fig. 14, c, c) auf die Zehen, 5 auf den sogenannten Mittelfuß (Fig. 14, a, a) und 7 auf die Fußwurzel (Fig. 14, d, d). Die Thiere, namentlich Affen, haben zwar eine gleiche Anzahl Knochen, aber diese sind an Zehen und Mittelfuß verhältnißmäßig sehr lang, an der Fußwurzel aber sehr unbedeutend. Häufig haben wir Gelegenheit uns zu überzeugen, wie das Gehen und Stehen des Affen nur ein dürftiges Abbild des menschlichen Auftretens zeigt, sein Fuß ist eben ein Plattfuß, kein Gewölbe. Beim Menschen nun kommt dies einmal durch die Größe der Fußwurzel, welche fast die Hälfte des ganzen Fußes ausmacht, und dann durch die starke Ausbildung der großen Zehe zu Stande, die beim Affen mehr einem Daumen ähnlich sieht, die Art, wie Fußwurzel und große Zehe sich verbinden, ist der Kern der menschlichen Fußbildung, und ihre Wirkung geht dahin, daß der Fuß, wie Fig. 15 lehrt, den Boden nur mit 2 Punkten berührt, nemlich mit dem Köpfchen des ersten Mittelfußknochens (Fig. 15, a) und mit dem hintersten Fußwurzelknochen (Fig. 15, b). Zwischen diesen beiden Punkten ist der Fuß vollständig hohl, die Last des Körpers

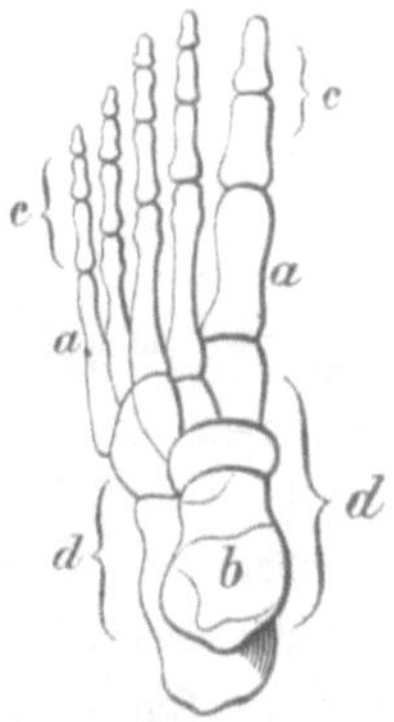

Fig. 14.
Knochengerüst des menschlichen Fußes.

aber findet ihren Schwerpunkt im Mittelstücke des Gewölbes, nemlich in dem mit dem Unterschenkel in Gelenkverbindung stehenden Sprungbein (Fig. 15, c). Je höher

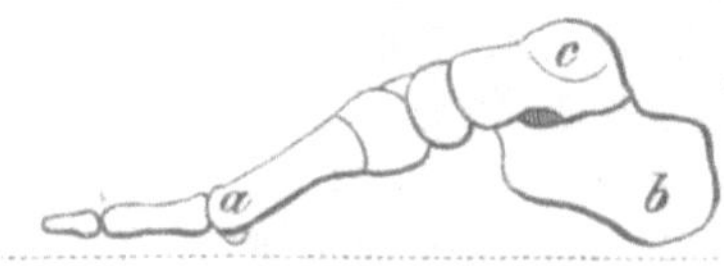

Fig. 15.
Fußwurzel und große Zehe.

und fester das Gewölbe, um so straffer und sicherer ist das Auftreten und die Fähigkeit, Lasten zu tragen, Märsche zu vollführen. Wesentliche Bedingung dabei ist Straffheit der Bänder, welche die einzelnen Knochen verbinden. Erschlaffen diese, so drückt die Last die Knochen auseinander und es kommt zu minderem oder höherem Grade von Plattfuß, der bekanntlich den sonst kräftigst ausgebildeten Menschen untauglich zum Soldatendienste macht.

Aus Alledem ist ersichtlich, daß für Bekleidung des Fußes die große Zehe und die ihr entsprechende Fußflächenhälfte maaßgebend bleiben. Die übrigen Zehen, namentlich die kleine, reihen sich nur als Pfeiler zweiten Ranges an das Gewölbe und stützen es beim Auftreten durch Gewährung eines seitlichen Berührungspunktes mit dem Boden. Fig. 16 zeigt von der Sohle aus die Richtung, in welcher der Fuß beim Gehen arbeitet und bereitet zum Verständniß des nun folgenden Receptes zu einem richtigen Schuhmaaße vor.

Dieses verlangt erstens die Sohle so gezeichnet, daß der Fuß nicht etwa um eine durch seine Mitte gezogene

Linie symmetrisch zusammengepreßt, sondern daß die große Zehe in ihrer natürlichen Lage (Fig. 16) belassen werde — zweitens das Oberleder so geräumig (also geräumiger wie an der kleinen Zehe), daß die große Zehe gehörig Platz findet. Zu dem Ende muß beim Maßnehmen eine Linie zu Grunde gelegt werden, welche gerade durch die Länge der großen Zehe und die Mitte des Hakens geht (Fig. 17, a b). Auf diese Richtungslinie nun wird die Länge des Fußes (e d) eingetragen, nachdem der großen Zehe ihre richtige Lage gegeben worden. Die Linie c d, durch Maaßnehmen von hinten bestimmt, schreibt den Mittelpunkt des Absatzes vor; die Linie e f, am vordersten Theile von a b eingetragen, bezeichnet die Länge von der Spitze der großen Zehe bis zur beginnenden Höhlung des Fußes, wo dieser am breitesten ist: die Linie h g, durch f im rechten Winkel zu a b gelegt, dient zur Bestimmung der größten Breite von der Wurzel der kleinen Zehe bis zum Innenrande des Ballens der großen Zehe; die Linie g i dem inneren Rande der Vordersohle entsprechend, wird etwas verlängert, um der Dehnung des auftretenden Fußes Spielraum zu schaffen.

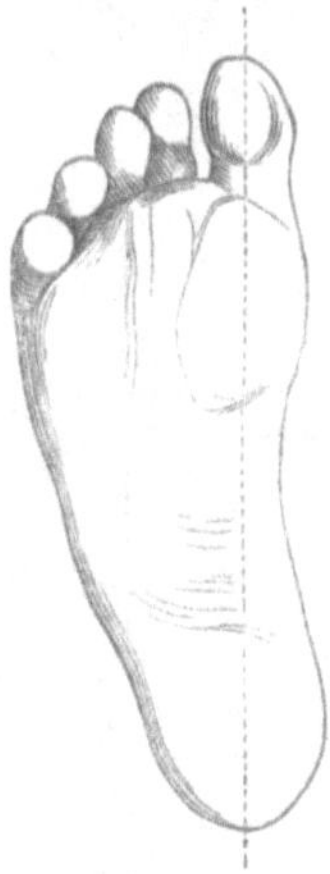

Fig. 16.
Richtungslinie der schreitenden Fußsohle.

Eine weitere Besprechnng gebührt ferner dem Absatze, der neuerdings Formen annimmt, welche an Stelzfuß erinnern und eher zu Pfeifenstopfern als zum Fußgestelle geeignet erscheinen. Vielleicht verfehlt die Bemer=

kung, die jeder aufmerksame Beobachter aus eigener Anschauung bestätigen lernen wird, ihre abschreckende Wirkung nicht, daß nemlich der immer weiter nach vorn rückende Absatz die Entwickelung der Wadenmuskeln und damit der Wade überhaupt beeinträchtigt. Ursprünglich wurde er in der Absicht geschaffen, dem Haken theilweise die Last abzunehmen und auf die Zehen zu übertragen, was er aber nur leistet, wenn er nicht zu hoch und die volle Breite der Ferse einnimmt.

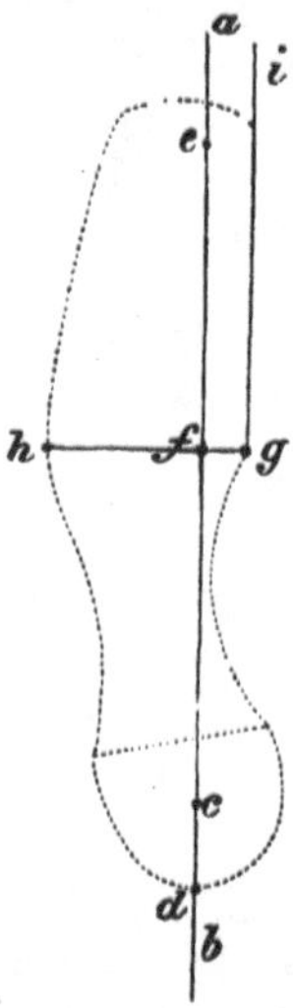

Fig. 17. Muster zum Maaßnehmen des Schuh's.

Obige Anweisung enthält eine sichere Schutzwehr wider alle die landläufigen Fußplagen, die mit Schieflaufen des Absatzes beginnen und mit Verkrüppelung, namentlich Lageveränderung der Zehen enden. Auch der sogenannte Frostballen entsteht nur durch Stiefeldruck, der eingewachsene Nagel dadurch, daß Druck Seitens des Schuh's den Nagel wie einen eingetretenen Scherben in's Fleisch treibt. Am übelsten wird von den Modeschustern denen mitgespielt, die einen „hohen Spann", d. h. ein hohes Fußgewölbe besitzen und gewöhnlich nicht im Stande sind, ein neues Paar Schuhe schlank anzulegen oder, wenn's schließlich erzwungen ist, darin ordentlich aufzutreten, weil eben die große Zehe gar keinen Spielraum findet, sondern nach innen gepreßt wird.

Schließlich kann ich mir einige Worte zur Erweiterung der schon in Cap. 4 ertheilten Winke nicht versagen. Enge Schuhe müssen wie enge Handschuhe die Wärmestrahlung begünstigen, daher schon der Erwärmung wegen bequeme Tracht wünschenswerth ist. Die Ausdünstung wird um so besser von Statten gehen, je dünner der Stoff, daher im Sommer Zeugschuhe sehr angenehm. Der Vortheil wird aber theilweise wieder aufgewogen, wenn statt Schaftstiefeln solche mit Gummizügen angelegt werden, welche letztere die Ventilation verhindern. Gummi-Galoschen sind, weil undurchlässig, entschieden zu verwerfen; ebenso das jetzt üblich werdende Bestreichen des Glanzleders mit sogenanntem Lackfirniß, welcher ebenfalls luftdicht schließt. Naß gewordenes Schuhwerk wird durch Einschmieren mit Leberthran und Talg, sogenanntem Degras, durchlässig und weich erhalten.

Was die Strümpfe betrifft, so sind wollene ihrer hygroscopischen Eigenschaften (vgl. Cap. 3) wegen bei schweißigem Fuße sehr angenehm, werden aber im Sommer um so heißer, je weniger durch Schäfte Abfluß geschafft wird; zwirnene, die dann vorzuziehen, haben wieder den Uebelstand, daß sie leicht scheuern; auf Fußtouren werden Strümpfe überhaupt, weil sie sich leicht verschieben, lästig, daher Soldaten die leinenen Fußlappen vorziehen. Besser macht sich's mit Strümpfen, wenn man sie an der Innenfläche mit Hirschtalg oder Seife einreibt. Der äzenden Wirkung des Fußschweißes beugt man dadurch vor, daß man die Strümpfe erst durch eine Lösung von Weinsteinsäure zieht und trocknen läßt, wo dann die Säure das Ammoniak des Schweißes neutralisirt. Zur Auffaugung des Schweißwassers aus den Strümpfen empfiehlt sich die Einlage einer Sohle aus sogenannter Wollpappe.

III. Buch.

Wohnung.

Erstes Capitel.

Culturgeschichtliche Einleitung.

„L'animal se tapit, le sauvage s'abrite, l'homme loge."

Fonssagrives.

Das erste Menschenpaar genoß nicht nur in Bezug auf Kleidung, sondern auch auf Wohnung des paradiesischen Zustandes. Doch nicht lange währte die Herrlichkeit und an Stelle des Paradieses trat das irdische Jammerthal. Nicht blos nackt fühlte sich nun der Mensch, sondern auch obdachlos und wie Kleidung, so schuf er sich seine „vier Pfähle" zum Schutz während des Dunkels der Nacht, wider die Unbilden der Witterung, die Belästigungen Seitens der Thierwelt. Da, wo die Natur nicht etwa Hohlräume darbot, war die ursprünglichste Form das Zelt, theoretisch betrachtet, ein zweites Kleid, wie's Pettenkofer nennt. In dem Maaße, als der Einzelne sich an die Scholle band, die Stämme sich mehrten, zu Gemeinwesen ordneten, bildete sich der Gegensatz des Familien- oder Privatlebens einerseits und des öffentlichen Lebens andererseits aus, jenes mit dem Bedürfniß nach einer Stätte, wo man, den Blicken der Anderen entzogen, sich und den Seinen lebe: das Daheim oder der häusliche Herd, in dessen Ausbau die steigende Cultur, der wachsende Sinn für Schönheit und Annehmlichkeit sich allmählig so hineinlebte, daß das „Wohnhaus", wie's nunmehr hieß, zur bleibenden Stätte, das Verweilen unter freiem Himmel Ausnahme wurde. Gewöhnung, Zwang, Gedankenlosigkeit, Trägheit und Verweichlichung brachten es sogar dahin, daß jetzt der Dunstkreis des „unter Dach und Fach", die Binnenluft als der der Gesundheit förderliche, das „Athmen im rosigen Lichte", prosaischer in der Außenluft als der Gesundheit feindlich berufen wird, eine Ausartung der „Civilisation" in's Unnatürliche, deren Bekämpfung mit dem Schlagwort Ventilation den Grundton hygieinischer Lehren über gesundes Wohnen bildet. Um zunächst zu zeigen, wie diese Verirrung sich allmählig aus zeitweiligem Ausnahmszustande zu anhaltender Gewohnheit entwickelte, so sei daran erinnert, daß die ersten Culturvölker, Griechen und Römer, ihre Wohnstätten zwar massiv und bedeckt hielten, sich jedoch nur über Nacht tiefer zurückzogen, am Tage dagegen in ihren Vorhallen — Veranden im größten Style — mit der freien Luft in voller Berührung blieben. Die öffentlichen und geselligen Zusammenkünfte vollends hielten sie unter freiem Himmel ab: auf dem Forum, im Amphitheater und ähnlichen nur seitlich geschlossenen Plätzen. Erst mit dem Kirchenbau scheint auch für solchen Zweck der völlig abgeschlossene Raum üblich geworden zu sein. In der Neuzeit nun hat sie sich, leider ohne die Dimensionen eines Sankt Peter oder Mailänder Domes zum Muster zu nehmen, auf Schule und Theater, Bureau und Werkstätte, Concert und Ball, Volksversammlung und Restauration, Omnibus und

Coupé erstreckt, welche „Locale" alle nach Maaßgabe der „gerüttelt und geschüttelt" füllenden Kopfzahl besetzt, den Einzelnen wie einen leblosen Körper, nicht aber als athmendes Geschöpf behandeln. Erst im Crystallpalast im Hydepark zeigt sich ein vereinzeltes Beispiel in der Praxis in diesem allein menschenwürdigem Sinne.

Als Zweites kommt zur Winterszeit einerseits die Erwärmung der Binnenluft durch Heizvorrichtung, welche, wie wir Cap. 16 sehen werden, immer bedenklichere Formen angenommen haben, andererseits der durch Glasscheiben dichter gewordene Abschluß nach außen und die völlige Verkennung des Fensters in seiner wahren Bestimmung (vgl. Cap. 15).

Während drittens zu Anfang die Wohnhäuser getrennt lagen und nur von je einem Hausstande besetzt waren, rückten jene immer näher aneinander und diese, mit Einführung der Miethswohnung übereinander. Ursprünglich, wie's scheint, aus dem Bedürfnisse entstanden, sich zu Schutz und Trutz wieder die Anfeindungen der Nachbarstädte und Raubritter im Gürtel einer Stadtmauer zusammenzuschaaren, zog der Straßenbau und das aus ihm entstehende Ganze die Centralisation des Verkehres und Handels auf bestimmte Plätze nach sich, deren weitere Folge die Preissteigerung des städtischen Grundes wurde. Trotzdem nun mittelalterliche Fehde aufgehört, die Festungswälle gefallen, fahren dennoch die Straßen fort, mehr in die Länge zu wachsen, während drinnen die Räume immer enger werden und so blüht heute neben dem officiellen der officiöse Gefängnißbau. Im Privatleben wiederholt sich also, was vorhin für's öffentliche festgestellt wurde: die

Ueberfüllung des Binnenraumes nach der Kopfzahl und Beides faßt die Hygieinie zusammen unter die Diagnose: Uebervölkerung.

Noch ließe sich hervorheben, daß für Auswahl der in der Neuzeit angesehenen Ansiedelungen die gleichzeitig die gesunde Lage bezeichnende Naturschönheit maaßgebend zu sein aufhörte. Die alten deutschen Fürsten bauten sich, nach heutigem Style zu reden, in der Landluft des Harzes und Thüringer Waldes an, die neueren Hauptplätze wurden nach den äußerlichen, schon von G. Kohl eingehend erläuterten*) Rücksichten auf Verkehrslage, politisches Machtbereich, fortificatorischen Punkt u. dgl., auf Moräften oder in öder Sandebene gegründet und um sie als Mittelpunkten erstanden dann nach gleichen Wahlmerkmalen die Provinzialstädte. Wurden zwar, wie z. B. zu Berlin, wahre Wunderthaten in Urbarmachung des Bodens geleistet, so forderte andererseits das Wachsthum der Stadt die Ausrottung eines der wichtigsten Bestandtheile gesunder Luftverhältnisse, des Waldes (vgl. Cap. 2), ein Gewaltstreich, der wesentlich dazu beitrug, den Culturbegriff der „Stadtluft“ im Gegensatze zur „Landluft“ auszubilden.

Angesichts dessen geht die ebenso dringliche als dornenvolle Sendung der Gesundheitslehre dahin, dem Volke die Unnatur dieser Art Wohnens zum Bewußtsein zu bringen und es darin den Urquell landläufiger Kränklichkeit, Ver-

*) J. G. Kohl, der Verkehr und die Ansiedelungen der Menschen in ihrer Abhängigkeit von der Gestaltung der Erdoberfläche. Leipzig 1841.

kommenheit und vorzeitiger Sterblichkeit erkennen zu lassen. Hat uns bereits die öffentliche Hygieine die Augen darüber geöffnet, daß die Stätten der Uebervölkerung aus sich heraus die immer häufiger und heftiger ausbrechenden Seuchen erzeugen, so schrickt die persönliche nicht davor zurück, diese selbe Uebervölkerung als die Feindin des stillen, stetigen Wachsthums des Volkes zu kennzeichnen, welche, eine Art Mottenschaden erzeugend und ausbrütend, den städtischen Volkskörper durch Skrofelsucht und Lungensiechthum langsam zwar, aber ebenso sicher unterwühlend, ihn tiefer und nachhaltiger schädigt als jene Seuchen. In der That lehrt denn auch die Statistik, daß die mittlere Sterblichkeitsziffer eines Gemeinwesens im geraden Verhältnisse steht zur Bevölkerungsziffer.

Die starre Folgerung dieser Betrachtungen würde auf Ausführung des bekannten staatsmännischen Wortes von der Nothwendigkeit einer Vertilgung der großen Städte vom Erdboden hinauslaufen. Der Hygieiniker jedoch ist besonnen genug, um mit den bestehenden Verhältnissen zu rechnen und auf einen „Modus vivendi“ hinzuarbeiten, überhaupt der Cultur die Ausbildung zuzutrauen, Wunden, die sie schlägt, auch selbst zu heilen. Die folgenden Abschnitte sollen daher erst diese Wunden völlig bloslegen und dann die Praxis lehren sie zu schließen oder wenigstens erträglich zu machen.

Erster Abschnitt.

Luft, Grund und Boden unserer Wohnstätten.

Zweites Capitel.

Stadt- und Landluft.

„Die Welt ist vollkommen überall,
Wo der Mensch nicht hinkommt mit seiner Qual."
Schiller.

Wie unheimlich es der Mehrzahl im städtischen Dunstkreise zu werden beginnt, lehrt die immer geläufiger werdende Redeweise, welche die Landluft gesund, die Stadtluft ungesund nennt. So willkommen der Hygieiniker diese Erkenntniß heißen muß, so kann er doch nicht umhin, sie in einer Richtung einseitig zu schelten, nemlich in der, daß man die Landluft als eine Art specifischen Curmittels behandelt, welche uns nur anzuwehen brauche, um andere Menschen aus uns zu machen. Wer so denkt, übersieht, daß mit der „Luftveränderung" gleichzeitig ein durchgreifender Wechsel der Lebensweise verbunden wird: die berufliche Tretmühle, der hockende, schlemmernde, langschlafende Tageslauf wird verlassen, statt dessen viel Bewegung vorgenommen, verhältnißmäßig nüchtern gelebt, Wasser getrunken, gebadet und über dem Allem von früh bis spät in der freien Luft verweilt. Während man in der Stadt mit hereinbrechender Dunkelheit alle Fenster und Läden sich schließen sieht, trifft man in den Sommerfrischen noch spät Abends auf Schaaren von Lustwandelnden und durchgängig offene Fenster. Bringe ich also an erster Stelle dieses Ganze der ländlichen Lebensweise in Rechnung, so übersehe ich doch nicht, daß es just die angenehme Beschaffenheit der Luft ist, welche zu Alledem anreizt und deren reichlicher Genuß dem Ganzen die Krone aufsetzt.

Der chemische Unterschied, welcher den Vorzug dieser „Landluft" bedingt, wird bekanntlich in ihrem Gehalt an Ozon gesucht: so nennt man die frische „elektrisirte" Form des Sauerstoffs, welche die Vegetation beständig erzeugt unter Einwirkung der Sonnenstrahlen und Mitwirkung des Blattgrüns. Dazu kommt eine Reihe von Nebenvorzügen, wie die schattenspendende Fülle der Waldeinsamkeit, der Duft des Laubes u. s. w. Täuschung aber ist's, zu glauben, daß letzterer eine specifische Wirkung auf das Athmungsorgan übe. Ziehe zwar auch ich den Gang durch eine Kiefernwaldung dem durch eine Buchenwaldung vor, so kann ich doch nur zugestehen, daß diese „balsamische" Luft mir größere Lust zum Athmen schafft, nicht aber, daß ich mich in einer Lungenapotheke befinde und was beiläufig bemerkt, Kiefernadelbäder betrifft, so begreife ich nicht wie man in einem so durchräucherten Raume mit Behagen baden kann, während es doch für die Hautpflege ganz gleichgültig ist, wonach das Wasser riecht (vgl. B. I, Cap. 6).

Bekehrung von solchen quacksalberischen Einbildungen gehört zu den principiellen Aufgaben der persönlichen Gesundheitspflege! —

Abgesehen davon, daß das Ozon überhaupt die „Prima-Qualité" der Athemluft darstellt, erhält es die Luft auch dadurch frisch und rein, daß es, ein Desinfektionsmittel ersten Ranges, alle Dünste von Verwesung und Fäulniß sowie alle übelriechende Gase zerstört.

Im Anschluße hieran entdecken wir sogleich als die Kehrseite der Stadtluft den Mangel des Ozons. Bei der Blitzesschnelle, mit der wir uns heute kraft einer Errungenschaft der Cultur von Hause in die Berge und von diesen wieder zurück nach Hause versetzen, haben wir Gelegenheit das Experiment des jähen Ueberganges an uns zu erproben. Dort angelangt

„Aus niedriger Häuser dumpfen Gemächern,
Aus Handwerks- und Gewerbesbanden,
Aus dem Druck von Giebeln und Dächern,
Aus der Straßen quetschender Enge"

fühlen wir den Brustkasten wie beschwingt, sich um das Doppelte erweiternd — hieher zurückgekehrt fällt es wie ein Alp auf uns und schnürt uns die Kehle zu. Dort Ozonduft — hier Sumpfluft und schales Gemisch von abgestandenen Sauerstoff und Stickstoff, getrübt durch faulige, übelriechende Ausdünstungen, vermischt mit Staub aller Art, erwärmt von den noch Abends Prellsonnen-Wärme rückstrahlenden Häuserwänden oder von den in die Straßen eingedämmten Luftströmungen träge hin und her gefegt! „Das heißt eine Welt, das ist deine Welt!"

Noch vor hundert Jahren nahm man bei Erbauung

der überhaupt höchstens zwei Stockwerke hohen Häuser Bedacht auf geräumige Höfe, wo möglich mit Garten oder wenigstens einem Baume in der Mitte; jetzt häuft man die Backsteine bis 4 Etagen hoch und läßt zwischen den Flügeln oft nur eine Art von Luftschornstein offen, Bäume und gar Gärten sämmtlich verbannend. Dadurch aber hindert man nicht nur die freie Luftbewegung, sondern hält auch jene natürliche Desinfektionsquelle, die ozonbereitende Vegetation fern.

Zu dieser Verschlechterung der Stadtluft im Allgemeinen gesellt sich seit Ueberhandnahme der Industrie inmitten der Städte die Verunreinigung durch Gerüche, Ausdünstungen, Abfälle besonderer Art, welche, abgesehen davon, daß sie Krankheitskeime erzeugen, durch bloße Beleidigung des Geruchssinnes den Trieb zum Athmen darniederhalten. So mancher Leser wird davon ein Liedchen zu singen wissen. Mir selbst wird eine sonst frei und fast ländlich gelegene Wohnung bei Ostwind dadurch verleidet, daß eine Parfümerie- und Seifenfabrik ihre beizenden Gerüche herübersendet und eine uns Leipzigern nachbarliche Universitätsstadt ist berühmt durch ihren sie beständig umlagernden Torfgeruch. Fabrikstädte verrathen sich schon dem Auge auf weite Entfernung durch das sie umhüllende Dunstdach und wer das Londoner Häusermeer wirklich übersehen will, der muß die Kuppel der Paulskirche an einem Montag Morgen besteigen, da alsdann die Rauch- und Dunstquellen den Tag vorher dem Gebote der Sonntagsfeier gehorcht haben. (Ueber Staub im Besonderen s. Cap. 3).

Ein weiterer Uebelstand ist die Ungleichmäßigkeit der

Temperatur, gegen deren Einwirkung der verweichlichte Städter ohnehin empfindlich ist. Sie hängt einerseits mit dem ungleichen Zutritt der Sonnenstrahlen zusammen, wenn letztere überhaupt den das Häusermeer umlagernden Nebel zu durchdringen vermögen.

Die Luftbewegung, deren höherer Grad der Wind, haben wir uns ganz wie das Fließen des Wassers zu denken. Was hier Ufer, Gefälle, Biegungen, das sind dort Straßen, Plätze, Ecken. An letzteren namentlich entsteht der „Zug", dessentwegen sie verrufen sind, durch Wirbelung des Luftstromes; auf Kirchplätzen stößt sich der Wind gegen das Gebäude derartig, daß er schon mehrere Schritte davon unseren Hut mit emporreißt u. s. w. Die Sonnenwärme wirkt ebenfalls zunächst auf die Luftbewegung, indem sie den einzelnen Schichten eine verschiedene Schwere ertheilt (vergl. nachher Cap. 16). Enge Straßen mit hohen Häusern behalten weit in's Frühjahr ihren eisigen Hauch, weil die Sonne ihren Grund nicht erreicht, während auf der Rückseite schon empfindliche Strahlung und Blendung herandringt. Wie in Sommernächten die tagüber durchglühten Wände zu brennen fortfahren, wurde schon angedeutet.

Endlich wirkt städtisches Leben auch auf den inneren Menschen nachtheilig. Für die Gemüthsstimmung ist's durchaus nicht gleichgültig, ob ich tagtäglich den Anblick eines Schieferdaches, einer mißfarbigen Hofwand, eines düsteren Thorweges vor mir sehe, mich regelmäßig durch ein und dieselbe Façadenreihe dahin schleppe, ein und dasselbe Pflaster trete. In diesem Zusammenhange betrachtet hatte der Apfelbaum auf dem Hofe mit seinem wechselnden

Anblick von grünenden Blättern, knospenden Blüthen, die sich allmählig zu Farbenpracht und dann zur reifen Frucht entfalteten, seine poetische Seite. Das ewige Einerlei von heute erhält uns in der prosaischen Stimmung der Werkelthätigkeit. Vollends vernichtet werden uns alle höheren Regungen durch den ununterbrochenen, eintönigen, Anfangs Mark und Bein durchdringenden, nach und nach aber den Nerv abstumpfenden Lärm des Straßenverkehrs, der Werkstätten, der Eisenbahnen. Ein Denker, Schopenhauer, nennt u. A. das Peitschenknallen einen „hirnzerschneidenden, gedankenmörderischen Lärm, welcher von Jedem, der irgend etwas einem Gedanken Aehnliches im Kopfe herumträgt, schmerzlich empfunden werden muß!"

Zu dem Allen kommen schließlich die niederschlagenden Wirkungen des gedrängten Zusammenwohnens, das auch draußen, besonders an Feiertagen so lästig empfunden wird, daß der Feinfühlige am liebsten gar nicht ausgeht. Einer drängt und stößt den Andern, Kinder verlieren sich, Equipagen erzeugen Stockungen, draußen schlägt man sich um die Plätze, zieht staubbedeckt, hungernd und dürstend wieder ab u. s. w. Drinnen gar ist Einer dem Anderen ein Aergerniß und zwischen den Hausgenossen ein stiller Krieg in Permanenz; die theuer bezahlte „Wohnung" ist dem mit Kindern gesegneten Paare ein Gefängniß, das sie lieber heute als morgen mit einem anderen vertauschten um es noch schlechter zu treffen. Der Mann aber sucht seine abendliche Zuflucht in der — Kneipe!

Drittes Capitel.

Staubluft. Respirator.

„Staub sollst du fressen dein Leben lang!"
Bibelwort.

Schon vor Jahrzehnten beschäftigten sich die Aerzte mit einer Lungenkrankheit, die bei Arbeitern in Kohlengruben daher kommt, daß diese Leute den da unten massenhaft aufgewühlten, stagnirenden Staub ein- aber nicht wieder ausathmen. Die Staubsplitter, beständigen trockenen Hustenreiz unterhaltend, nisten sich erst in der Schleimhaut ein, bohren sich dann, etwa wie Trichinen, in's Gewebe, um es schließlich ganz zu durchdringen und schwindsüchtig zu machen. Das Aussehen solcher Lunge ward durch den Namen der „Schwarzpigmentlunge" gekennzeichnet.

Weitere Verfolgung dieser Entstehungsursache führte rasch zu Entdeckung einer großen Reihe ähnlicher Lungenschäden z. B. bei Steinhauern, Porzellandrehern, Tabaksarbeitern u. s. w. und zur Aufstellung der allgemeinen Krankheitsgattung der „Staublunge". In der That stellt es sich immer deutlicher heraus, daß nicht blos jene besonderen Berufsarten, sondern mehr oder weniger fast alle hustenkranken Städter ihr Lungenleiden ganz oder theilweise der gewohnheitsmäßigen Einathmung von Staub verdanken. Für Müller, Tapezierer, Bettfedernhändler, Trödler u. s. w. wird diese Annahme Jedermann einleuchten, wir Anderen, die wir nicht officiell mit Staubquellen umgehen, müssen uns erst darauf besinnen, daß wir officiös ebenfalls dauernd von ihnen überschwemmt werden. Schon

Cap. 5 von Buch I suchte dem Leser die Augen zu öffnen für die laufende Verunreinigung, welche unsere äußere Körperfläche von diesem Eindringling zu erdulden hat. Betrachtet er ferner einmal seinen Auswurf am Morgen nach einer Ballnacht und findet er ihn wie mit schwärzlichen Massen zusammengerieben, so hat er eine Vorstellung von den ersten Anfängen der Staublunge, dem Staubhusten, und wird auf diesen in all' den Fällen von „trockenem" Husten Bedacht nehmen, welche jetzt für gewöhnlich auf die beliebte „Erkältung" geschoben werden. Für mich unterliegt's z. B. keinem Zweifel, daß der größte Theil der landläufigen Stickhustenerkrankungen der Kinder auf Vergiftung der Luftwege mit Staub zu schieben ist.

Um nun den Gegenstand von Anfang an abzuhandeln, so ist der Staub eine der Land- wie der Stadtluft gemeinschaftliche, bei der letzteren jedoch erheblich gesteigerte Plage. In der freien Natur wird er vom Pflanzenreiche erzeugt in Form des Blüthen- und Samenstaubes und von den Winden überall, oft weit, weit hinweggetragen. Im Schnee der Alpen hat man Pflanzenstaub gefunden, der aus dem fernen Afrika rühren mußte. Die Plage steigert sich in dem Maaße als der Menschenverkehr und seine künstlichen Bahnen, reibende, stoßende, überhaupt abnutzende Bewegungen unterhält, denn Staub entsteht überall, wo unorganische Körper in solche Art gegenseitiger Berührung gerathen. Man denke nur an einen über eine Chaussee rollenden Wagen! Doch auch die Schuhsohlen, die wir abgelaufen, haben sich in Staub aufgelöst und so ließe sich diese Abnutzung tausendfältig weiter verfolgen bis auf das Ringpaar, das wir am Finger nach und nach durchreiben.

Außerdem trägt die Bewegung, rühre sie nun von Luftströmung (Winden) oder von Wagenrädern, Fußtritten u. dgl. her, durch Aufwirbelung der von Haus aus leichten Masse zur Erhöhung der Plage wesentlich bei. Ein Mittel, sie schwer zu machen, also am Boden festzuhalten, bietet die Vermengung mit Wasser, die, wenn sie in Form von Regenfall von der Natur geboten wird, die in der Luft schwebenden Massen herniederreißt, die Luft „auswäscht". Denn auch bei scheinbarer Windstille bleibt die Atmosphäre stets mehr oder weniger mit Staub verunreinigt. Das „Stechen" der Sonne kurz vor hereinbrechendem Gewitter rührt daher, daß (unsichtbarer) Wasserdampf bereits den Staub mit sich nach unten gedrängt, die Luft klar und durchgängig für die Sonnenstrahlen gemacht hat. Nach Alledem bedarf es wohl keines besonderen Hinweises mehr auf die hygieinische Nothwendigkeit der Straßenbesprengung. Ebenfalls aus Rücksicht auf diesen Punkt müssen wir auf die zwar geräuschdämpfende, leider aber heftig stäubende Anlage des Mac Adam-Pflasters verzichten und uns das vom Gerassel und Tritten erdröhnende, aber weniger stäubende Steinpflaster gefallen lassen. Wie jedoch trotz aller Vorbeugungsmaaßregeln dieser Feind uns die schönsten Zufluchtsstätten verleidet, lehren u. A. die Klagen der Touristen über die promenade des Anglais, „la plus belle promenade du monde" zu Nizza, auf welcher bei herrschendem Mistral-Winde der Staub der nahen Kreidefelsen lawinenartig dahinstürmt. Wenn andererseits Madeira und

Venedig von Brustkranken gepriesen werden, so verdanken sie dieses Lob ihrer völligen Staubfreiheit: Dort giebt es weder Fahrstraßen noch Pferdegeschirr, hier bekanntlich nur Wasserstraßen.

In den Städten häuft sich die Staubplage zunächst relativ in dem Maaße als sie wasserarm sind, denn stehende oder fließende Gewässer wirken durch ihre Ausdünstung von Wasserdampf staubmildernd. Sodann thut sie's absolut in dem Maaße, als Industrie und Fabrikwesen die Quellen des Abfalls steigern, obenan den des Kohlenstaubes, sowohl der rohen als der verbrannten Kohle. Nach dem jüngsten Schneefalle hier in Leipzig war schon am dritten Tage drinnen die ganze Fläche angerußt, während draußen im Rosenthale noch nach Wochen das Gewand des Erdbodens „schneeweiß" erglänzte. Bei bloßem Regen fließt aus den Dachrinnen-Röhren eine Tusch-artige Masse ab und stehende Wasserflächen sieht man das ganze Jahr über von Ruß wie besä't. Wie ferner die Abfälle der speciell verarbeiteten Rohstoffe sich dazu gesellen, lehren die Erfahrungen von Angus Smith, welcher, den Staub aus Regenwasser gewinnend, für jede der großen Fabrikstädte wie Manchester, Leeds u. s. w. ein so specifisches Präparat gewann, daß er aus diesem den Ort des Ursprungs hätte bestimmen können.

Die praktisch wichtigste Frage, wie wir uns dieser Plage zu erwehren hätten, läßt sich leider mit direkten Vorschlägen nicht beantworten; vielmehr müssen wir uns unter den Bann des oben verzeichneten alttestamentarischen Fluches beugen. Im Uebrigen erinnern wir uns aus Buch I, Cap. 8, daß die allgütige Natur uns mit einem dicht vor den Eingang der Luftwege angebrachten Staubwehr, der Nase, versehen hat. Mit diesem natürlichen Respirator kommen wir auch trefflich aus, wenn wir ihn nur richtig gebrauchen und nebstdem ein Zweites nicht vernachlässigen, nemlich regelmäßige und volle Ventilation der Lungen, besonders der Spitzen (vgl. ebenfalls Buch I a. a. O.), welche die dennoch eingedrungenen Staubtheilchen sogleich wieder hinausfegt. Erst wenn diese unterlassen wird, finden letztere Zeit, sich einzunisten, daher zur Entstehung der Staublunge außer der Staubeinathmung noch Vernachlässigung des Schulterathmens beiträgt. Die rüstigen Tänzer unten im Saale ertragen die Schädlichkeiten, die sie einsaugen, vortrefflich, weil sie, starke Bewegung übend, die Massen sogleich wieder hinausathmen oder ausräuspern — der Musicus oben athmet sich in demselben Dunstkreise schwindsüchtig, weil er still darin aushalten muß. Die afrikanischen Tuaregs reiten Tage lang durch den Staubregen der Sahara, ohne Schaden zu nehmen, nur daß sie sich durch ein vorgebundenes Tuch schützen und in ähnlicher Weise sollte unter ähnlichen Umständen auch bei uns der natürliche durch einen künstlichen Respirator verstärkt werden.

Das bisher unter diesem Namen geläufige Instrument rühmt sich, die Luft erwärmt einzuführen, eine Absicht, die, wie ich schon gezeigt zu haben glaube, von vornherein verfehlt ist, was dadurch erklärlich, daß sie von einem Nichtarzte, einem Bandagisten, auf den Markt gebracht wurde. Seitdem sich die Wissenschaft, zuerst durch den Engländer Tyndall, dieser Frage angenommen, hat man erkannt, daß es nur darauf abgesehen sein kann, die Luft rein

d. h. von Staub befreit, oder, chemisch gesprochen, filtrirt einzulassen und daß dies überall da angezeigt ist, wo wir dauernd mit größeren Staubmassen in Verbindung bleiben als sie unser natürliches Staubwehr, die Nase, vom Eindringen abzuhalten vermag. Im Princip ist also der Respirator ein Staubfiltrum und Tyndall hat es verstanden, solche herzustellen, mit denen die Feuerwehr viertelstundenlang im ärgsten Rauch und Staub aushält. Schon vorher war bei diesen Leuten der Kunstgriff zu bemerken, sich vor Mund und Nase einen angefeuchteten Schwamm zu binden, der genannte Naturforscher aber hat als bestes Staubfiltrum Watte, mit Glycerin getränkt, kennen gelehrt und neuerdings hat bei uns ein Dr. Wolff zu Frankenstein in Schlesien einen Watten-Respirator bekannt gemacht, dessen billiger Preis (1 Mark) der allgemeinen Einführung förderlich ist. Wer nur vorübergehend von ärgerem Staube belästigt wird, mag sich mit Vorhaltung des Taschentuches begnügen, wer aber gewohnheitsmäßig in einem staubgeschwängerten Dunstkreise verharrt, sollte nicht unterlassen, sich mit dem Staubfiltrum zu schützen.

Viertes Capitel.

Pilzstaub.

Wenn in ein verdunkeltes Zimmer durch einen Spalt ein Sonnenstrahl eindringt, so sieht man ihn von einer Staubschicht getragen, welche, dem vorhin abgehandelten ähnlich, aber bei Weitem feiner erscheint und, da man ihn für gewöhnlich nicht sieht, „Sonnenstäubchen“ genannt wird, nur daß man sie nicht etwa mit der Sonne in irgend welche ursächliche Verbindung setze. Es ist gleichfalls irdischer Staub, der sich zum vorigen ungefähr so verhält wie die Milchstraße zu den Sternen, der Masse nach aber sich nicht unerheblich von ihm unterscheidet. Dort nemlich hatten wir's mit roher, todter Masse zu thun, hier haben wir eine feine, belebte Materie vor uns, eine Welt im Kleinen, über deren Natur und Ausbreitung die Forschung soeben erst Licht zu verbreiten beginnt, indem sie gefunden hat, daß sie aus jenen niedersten, pflanzenartigen Organismen besteht, welche man Vibrionen (Flimmerzellen) oder Bakterien (Stäbchenzellen) nennt und in denen man die Träger einer ganzen Reihe bis jetzt unerklärt gebliebener, daher gern speculativ gedeuteter Vorgänge erkennt. Angesichts der dermaligen Unfertigkeit dieser Lehre, welche einen oftmaligen Wechsel des Kunstausdrucks vorhersehen läßt, werde ich fortan den Ausdruck „Pilze“ anwenden. Dabei darf man natürlich nicht an jene Pflanzenkörper in Wald und Wiese denken, sondern vielmehr an das, was uns daheim, besonders in nichtgelüfteten Speiseschränken, an Kellerwandungen als Schimmel aufstößt, und auch diesen noch in einer Verkleinerung, wie sie Fig. 18 mehrere

Fig. 18. Pilzstaub.

100mal vergrößert darstellt. Diese einfachsten, winzigsten Zellen nun entstehen überall da, wo organisches Wesen unter dem Drucke stockender Luftbewegung leidet oder, wie man eben zu sagen pflegt, schimmelt (feste Körper wie Fleisch, Früchte) oder gährt. Erst nach und nach entwickeln sie sich zu sichtbarer Schimmel- oder Pilzbildung. Allgemein nennt die Naturgeschichte diesen Vorgang: organischen Zersetzungsproceß. Bekannt sind die Pasteur'schen Versuche, welche bei Abschluß der Luft gährungsfähige Flüssigkeiten frisch erhalten und die schon praktische Anwendung in der Conservirung von Nahrungsmitteln fanden. Milch, ebenso behandelt, würde nicht gerinnen, Fleisch nicht faulen, eine offene Wunde nicht schwären und, was letztere betrifft, so hat sich der bekannte Lister-Verband darin bewährt, daß er die größten Wunden ohne Eiterung heilt. Wenn die Hausfrau die Milch kocht, um sie vor Gerinnung zu bewahren, so thut sie nichts Anderes als daß sie durch Hitze die Pilze „tödtet". Wie fein und zugleich hartnäckig diese kleinste Welt überall verbreitet, lehren die Versuche Tyndalls, welcher nur durch gründliches Ausglühen einen wirklich reinen, d. h. pilzstaubfreien Raum für seine Lichtversuche gewann. Auch in der freien Natur ist sie überall verbreitet, wird aber hier beständig von ihrem natürlichen Feinde, dem Ozon, niedergehalten (vgl. Cap. 2). Im Binnenraume jedoch vereinen sich Lichtlosigkeit, Feuchtigkeit und Wärme zu ihrer Ausbrütung und so werden wir in den folgenden Capiteln auf verschiedene Nester derselben stoßen. Ueberhaupt enthüllt sich hier ein wahrhaft dämonisches Ueberall und Nirgends im Weichbilde menschlichen Thuns, Treibens und

Wohnens. Immer wahrscheinlicher wird's auch, daß dieser Pilzstaub den Träger des Ansteckungsstoffes von Krankheiten bildet, den man bisher mit dem inhaltlosen Namen Miasma bezeichnete und daß er in unsere Blutbahn auf dem Wege der Einathmung gelangt. Bei Diphtheritis, Masern, Scharlach der Kinder wie bei Cholera und Typhus der Erwachsenen ist stets zuerst an diese Quelle zu denken.

Fünftes Capitel.

Boden- oder Grundluft.

Wir greifen auf die atmosphärische Luft als Ganzes zurück, um die landläufige Anschauung zu verbessern, welche glaubt, daß da, wo der Erdboden anhebt, das Bereich der ersteren aufhöre. In Wahrheit erstreckt sie sich, da sie in ihrer Eigenschaft als schwerer Körper nach dem Mittelpunkte der Erdkugel drängt, noch auf eine Strecke von 15 Decimeter in diese hinein, im Verein mit dem Boden die terrestrische Schicht ausmachend, und erst jenseits dieser Grenze beginnt die eigentliche oder tellurische Schicht, welche „ganz Erde" ist. Die terrestrische steht mit der atmosphärischen Luft in so unmittelbarer Fortsetzung, daß sie im Bereich von 6 Decimetern dieselben täglichen Temperaturschwankungen, jenseits dieses Bereiches wenigstens die jährlichen mitmacht. Man merkt nur Nichts von ihr, weil sie keine „Zugluft" hervorbringt, was aber nicht ausschließt, daß sie fortwährend in unmerklicher Bewegung begriffen ist.

Füllt man eine Literflasche bis oben heran voll Kies so dicht, daß er festgestampftem Baugrunde gleichkommt, so kann man noch 350 Cubikcentimeter (also 35 Procent des Kiesvolumens) Wasser hinzugießen, ehe es überläuft, welche Menge demnach anzeigt, wie viel Luft vom Wasser verdrängt wurde: über ein Dritttheil des Kieses! und wie Kies, so enthalten alle Bodenarten, wenn auch nicht so viel, Luft, so daß man sagen kann, unsere Häuser seien zum Theil auf Erdboden, zum Theil auf — Luft gebaut. Selbst festgefrorener, sich gegen das Grabscheit wie Stein anlassender Boden enthält noch ebenso viel Luft als wenn er nicht gefroren wäre. Diese Bodenluft ist es, welche Verschüttete, wenn sie nur nicht erdrückt werden, vor raschem Tode bewahrt und, wie dies vorgekommen, noch nach 10 Tagen lebendig ausgegraben werden läßt. Wie Bodenerde beständig von atmosphärischer Luft durchdrungen wird, brachte Pettenkofer in seinen berühmten im Albert-Verein gehaltenen Vorträgen zur Anschauung. In einem mit Kies gefüllten Glascylinder schaltete er eine oben und unten offene engere Röhre ein, welche, oben in einem Schenkel auslaufend, mit einem Manometer verbunden war. Schon bloßes Anhauchen der Kiesschicht, also die leiseste Windbewegung, brachte die Manometerflüssigkeit in's Schwanken, eine Flamme, an Stelle des Manometers gesetzt, wurde von dem erst durch die Kiesschicht von oben nach unten, dann durch die Glasröhre von unten nach oben dringenden Luftstrom ausgeblasen. (S. Fig. 19.)

Im natürlichen Boden wirken nicht nur Windstöße sondern auch Temperaturunterschiede bewegend auf die Grundluft ein. Einen auffallenden Beleg für diese Bewegung wird Cap. 7 liefern. Hier sei im Allgemeinen festgestellt, daß solche Temperaturunterschiede ganz besonders zur Winterszeit von den über dem Boden stehenden, geheizten Gebäuden erzeugt werden, indem diese dann mit ihrer wärmeren, also dünneren Luft die kältere, schwerere des Bodens, wie man sich auszudrücken pflegt, ansaugen (vgl. jedoch Cap. 8).

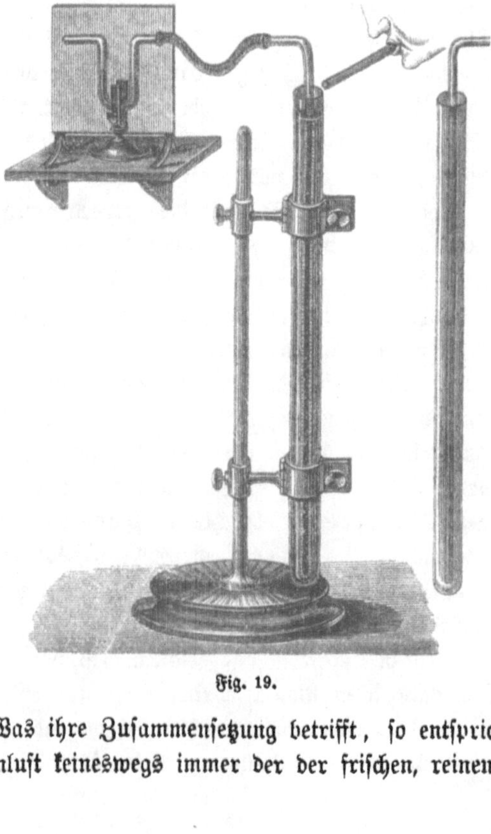

Fig. 19.

Was ihre Zusammensetzung betrifft, so entspricht die Bodenluft keineswegs immer der der frischen, reinen Luft, sondern wird häufig zu einer verdorbenen, unreinen. Grober Staub zwar bleibt das Vorrecht der freien, um so mehr aber findet der belebte (Cap. 4) hier seine Brutstätten. Schon in der unbewohnten Natur gibt es Nester von Verwesung und Fäulniß, besonders die sogenannten Torfmoore, an den Culturstätten aber unterhält die Verunreinigung durch Abfälle eine dauernde Quelle von Krankheitskeimen, wenn ihr nicht durch Ventilation und Canalisation (vgl. Cap. 15 und 17) gesteuert wird. Der chemische Ausdruck für diese Form von Bodenluft-Verderbniß ist Kohlensäure, deren Mengen man jetzt da unten ebenso regelmäßig zu bestimmen begonnen hat wie den Stand des Grundwassers (s. Cap. 11). Die Untersuchungen darüber sind noch lange nicht geschlossen, wenn auch bereits so viel feststeht, daß diese Kohlensäure der Bodenluft nicht etwa (vom Grundwasser) mitgetheilt, sondern von ihr selbst, nemlich durch jene organischen Zersetzungsprocesse, erzeugt wird.

Sechstes Capitel.

Boden- oder Grundwasser.

Das vorige Capitel stellte sich den Boden trocken d. h. aus Erde und Luft bestehend vor; bekanntlich aber gibt es auch feuchten, nassen Boden und ein und dasselbe Grundstück ist zu verschiedenen Zeiten trocken oder feucht. Dies hängt mit einem zweiten Elemente, dem Wasser, zusammen, welches ebenso wie die Luft vermöge seiner Schwere beständig nach dem Mittelpunkte der Erde drängend, den Boden, je nachdem es reichlich vorhanden, schwächer oder stärker, höher oder niedriger in der Richtung nach oben anfüllt. Den Stamm dieses zweiten Bodenbestandtheiles belegt man mit dem schon weit bekannter als die Bodenluft gewordenen Namen des **Grundwassers**, welches **Pettenkofer**, dieser erste Ergründer aller dieser Grundfragen, wie man sie im eigentlichen Sinne des Wortes nennen muß, dahin erklärt, daß es den Grad von Feuchtigkeit bezeichnet, bei welchem (wie in dem ersten Experimente des vorigen Capitels) das Wasser alle Luft ausgetrieben hat.

Dieses Grundwasser, so genannt zum Unterschiede von dem auf der Oberfläche der Erde in Form von Bächen, Flüssen, Seen u. s. w. sichtbaren Gewässern, übertrifft, als Ganzes genommen, diese letzteren ganz erheblich an Menge. Erzeugt wird es vom Regen, schmelzenden Schnee, den flüssigen Abfällen der Culturwirthschaft, um vorerst die durchlässigen Erdschichten zu durchdringen, dann sich aber, wenn an undurchlässigen angekommen, zu einem großen, in beständiger Fluthung begriffenen unterirdischen Meere anzusammeln. Die Fluthungen dieses Grundwassers nun bedingen die Schwankungen des Grundwasserstandes und wie dieses, so zu sagen, die Seele der jeweiligen Bodenbeschaffenheit abgibt, wird folgende Darlegung klar machen.

Im Verhältniß als das Grundwasser nach unten sinkt, wird es durch nachdringende Luft ersetzt und so haben wir unter unseren vier Pfählen nicht nur ein großes Wasser-, sondern auch ein großes Luftmeer, welche beide in stetigem Austausche begriffen sind, wobei letzteres durch seine Ausdünstung den Luftboden feucht erhält. Dazu kommt unablässiger Zufluß von oben, an den Culturstätten aber nicht von reinem, sondern größtentheils unreinem Wasser, unrein von Abfällen und Excrementen, allgemeiner: von organischen Stoffen, die entweder frei auf dem Boden lagerten, oder durch schlechte Senkgruben zugeführt wurden Alles in dieser Zufuhr Lösbare nimmt das durchsickernde Wasser nicht etwa bis in die Tiefe mit. hinab, sondern der größere Theil bleibt oben im Boden haften. Außerdem herrscht in diesem Uebergangsraume zwischen Erdoberfläche und Grundwasserspiegel stets eine verhältnißmäßig hohe Temperatur. Organische Stoffe aber sind, wie wir am Schluß des vorigen Capitels hörten, die Quelle jener Kohlensäure-Luft und zersetzen sich zu dieser um so rascher, je mehr Feuchtigkeit und Wärme dabei mitwirken. So wird diese Zwischenschicht unter unseren Füßen zu einem wahren Fäulnißherde, um so größer, je tiefer das Grundwasser zurückgewichen.

Andererseits ist klar, daß diese Schicht in dem Maaße verkleinert, ja ganz aufgehoben wird, als das Grundwasser sich der Oberfläche nähert. So erklärt sich der von Pettenkofer für ansteckende Krankheiten, besonders für Cholera und Typhus, aufgestellte Satz, daß dieselben mit hohem Stande des Grundwassers ab-, mit niederem zunehmen und so wird es jetzt verständlich sein, warum die wissenschaftliche Hygieine so großes Gewicht auf die regelmäßige Verfolgung des Grundwassers legt.

Siebentes Capitel.

Der Boden selbst.

Nach dem in den vorigen Capiteln Vorgetragenen erkennen wir also in dem, was gewöhnlich „fester Boden" oder „Grund und Boden" genannt wird, ein Gemisch von Luft, Wasser und Erde. Was nun diese letztere selbst betrifft, so ist die mit uns in unmittelbarer Berührung stehende Oberfläche noch weit entfernt von dem Kerne, den man sich bei dem Ausdrucke „Mutter Erde" vorstellen mag, denn wir haben es mit einer Schicht zu thun, welche sich mit der Oberhaut unserer äußeren Körperfläche (vgl. B. I, Cap. 4) vergleichen ließe: eine Anhäufung mehr oder minder locker aneinanderliegender kleiner Theile, Felsentrümmer, von Frost und Sommerhitze zerkleinert, vom Wasser umhergeschwemmt, Reste untergegangener Thier- und Pflanzenwelten, Abfälle des täglichen Lebens u. s. w. Vom hygieinischen Standpunkte kommt nur die größere oder geringere Durchlässigkeit in Frage, welche mit der „Aggregation" d. h. der größeren oder geringeren Porosität zusammenhängt. Experimentelle Prüfung der bei uns zu Lande vorkommenden und dem Leser gewiß sowohl dem Namen als der Beschaffenheit nach bekannten Arten hat Folgendes ergeben:

Kiesboden ist (wie wir schon Cap. 5 sahen) sehr luftreich, also auch sehr durchlässig für Wasser, jedoch nicht in gleichem Maaße bindungskräftig, sondern leicht wieder trocknend, daher organische Zersetzung nicht begünstigend, im Ganzen also gesund.

Lehmboden ist weniger luftreich als Kies, aber

doch sehr durchlässig und dabei bindungskräftig für Wasser also verhältnißmäßig ungesund.

Sandboden ist wenig luftreich, durchlässig und wenig bindend für Wasser, daher verhältnißmäßig gesund.

Thonboden ist wenig lufthaltig, undurchlässig, aber sehr bindend für Wasser, daher im Ganzen ziemlich ungesund.

Felsboden, der nicht von Verwitterung oder Zerklüftung gelitten, ist wenig lufthaltig, sehr durchlässig und nicht bindend für Wasser — wer also sein Haus „auf einen Felsen gebaut", wohnt auch exemplarisch gesund.

Achtes Capitel.

Trinkwasser.

Das Wasser unserer Brunnen oder Wasserleitungen hat bis jetzt noch am Meisten die Aufmerksamkeit des zu hygieinischem Thun erwachenden Volkes beschäftigt, wird auch von fachmännischer Seite vielfach als Hauptschuldiger bei Ausbruch von Seuchen behandelt. Der Umsichtige dagegen kann ihm solche Bedeutung am wenigsten beimessen und deshalb wird dieses Capitel — manchem Leser vielleicht zum Aergerniß — verhältnißmäßig kurz ausfallen.

Unsere Brunnen führen, insoweit sie nicht artesische d. h. aus tiefgelegenen Quellen herrührende, angesammeltes Grundwasser, also aus der Atmosphäre abgesetztes, durch den Boden hindurchgesickertes, unter Umständen weither gekommenes Wasser. Vom Boden nimmt es zuerst Sauerstoff und Kohlensäure und demnächst alle den Bodenschichten eigenthümlichen Bestandtheile auf, besonders Kalk, Magnesia, Eisen, welches letztere z. B. unserem Leipziger Wasser oft eine trübe, röthliche Farbe ertheilt. Dadurch wird es hart, also schwer lösend für Seife, schlecht kochend für Hülsenfrüchte, und nach Aussehen und Geschmack vom Trinken abstoßend, keineswegs aber ungesund. Denn „hart“ sind auch die Wässer vieler Mineralquellen, die wir zum Curgebrauch aufsuchen. Wenn freilich daheim der Wunsch berechtigt ist, kein nach Medizin aussehendes oder schmeckendes Wasser zu genießen, so wird die öffentliche Gesundheitspflege für Herbeischaffung reineren Wassers, wie dies soeben zu Wien und Frankfurt geschehen, Sorge zu tragen haben. Bis dahin werden wir, vorlieb nehmend und uns an Aussehen und Geschmack des nun einmal gebotenen gewöhnend, nicht verabsäumen, dem in Buch I, Cap. 13 vorgeschriebenen Gesetze nachzuleben.

Etwas Anderes ist's mit der Beimischung, welche das Grundwasser von organischen Zersetzungsprocessen im städtischen Boden erfährt, welche sich durch widerlichen Geschmack oder schon vorher durch fauligen Geruch zu erkennen gibt, beim Kochen noch deutlicher hervortritt. Solch' Wasser ist notorisch ungesund, wimmelt auch, wenn mikroskopisch untersucht, von Pilzen und mikroscopischem Gewürm. Eine gröbere Verunreinigung kann die Schlamm u. dgl. führende Wasserkunst überall oder nur in bestimmten Vierteln, Häusern u. s. w. veranlassen. Doch auch diese ist in ihren Wirkungen überschätzt worden, denn es steht noch keineswegs fest, daß sie unmittelbar Cholera oder

Typhus erzeugt habe. Der in diesem Stücke vielerfahrene Dr. v. Gietl zu München hat davon höchstens Magenverderbniß oder Durchfall entstehen sehen und erklärt verdorbene Nahrungsmittel für weit bedenklicher. Auch ich lege das Hauptgewicht auf den negativen Umstand, daß solche Verderbniß das Volk verführt, sich dieses nothwendigsten Nahrungsmittels zu enthalten und vermeintlichen Ersatzmitteln, besonders Caffe oder Alcohol-Getränken, zuzuwenden.

Ein ziemlich sicheres Mittel zur Unschädlichmachung so verdorbenen Wassers bietet die Filtration durch Kohle und so gibt es ja jetzt im Handel Filtra, die vor den Ausfluß der Wasserkunst eingeschaltet werden oder durch welche das geschöpfte Wasser hindurchgegossen wird. Ist es davon schaal geworden, so wird es durch Eiszusatz angefrischt.

Neuntes Capitel.

Binnenluft.

Nachdem wir in den vorigen Capiteln Alles um, über und unter der Wohnung durchgegangen, kommen wir nun zu dem, was den Hygieiniker drinnen interessirt. Für die Meisten von uns, die wir zur Miethe wohnen, verengert sich die Binnen- zur Stubenluft, deren Beschaffenheit jedoch nicht blos von den von uns eingenommenen Oertlichkeiten, sondern auch, wenn zwar ohne unser Zuthun, von den unter und neben uns liegenden bestimmt wird, daher wir vorerst das Haus als Ganzes durchwandern müssen. Es liegt nemlich eines Theils in der jetzt üblichen Bauweise, anderen Theils in der Beweglichkeit der Luft begründet, daß wir in unseren eigenen Räumen die selbstgeschaffene Luft nicht allein um uns haben, sondern daß wir weit öfter, wie Reclam sich einmal ausdrückt „die Luft unserer Nachbaren athmen".

Die moderne Bauart nimmt auf möglichst dichten Abschluß nach der Seite und nach oben Bedacht, indem sie starke Wände und feste Bedachung herstellt, nach unten aber läßt sie das Haus, wie dies z. B. bei wasserreichem Boden jedes Hochwasser lehrt, völlig offen, d. h. in unmittelbarem Zusammenhang mit dem Boden, dessen Luft ebenso wie das Wasser, aber nicht blos wie jenes, bei massenhafter Ansammlung, sondern beständig in die Keller und aus diesen weiter nach oben steigt. So haben wir uns das Haus wie eine Käseglocke vorzustellen, welche allen von unten nach oben steigenden Dunst in sich festhält und, wenn man sich ihre Gerüche, gegen die wir uns leider völlig abgestumpft zeigen, verstärkt denkt, ebenso duften würden wie die gelüftete Käseglocke. Einen thatsächlichen Begriff davon können wir uns bilden, wenn wir Morgens um die Stunde, wo sich die Souterrains, die Viktualien- u. a. Läden öffnen, die Häuserreihe mit prüfendem Geruchssinn entlang wandern: bloße Bodenluft ist's zwar nicht, die uns da beleidigend gegen die Nüstern schlägt, sondern ein „allgemeines Geräusch" von Gerüchen, die sich in der über Nacht nach oben und nach der Seite festverschlossenen Dunstglocke ansammelten und in denen ganze Familien stundenlang ihre Lungen und Lebensgeister in langsamem, Tod bringendem Schlaf gefangen hielten! —

Da auch die einzelnen Stockwerke für den Luftdurchgang so gut wie frei communiciren — wie rasch dringt nicht von oben her Wasser nach unten! — so steigt der Parterredunst gemach, nur etwas langsamer bis hinauf in's dritte, vierte Stockwerk und in die Bodenkammern. So ist's kein Wunder, wenn, wie Virchow kürzlich ausführte, die Kränklichkeit und Sterblichkeit der Kinder in den, von Vielen für gesünder gehaltenen, oberen Stockwerken ebenso bedeutend ist, wie in den unteren. Ich selbst habe es erfahren, daß ansteckende Krankheiten wie Pocken und Masern ebenso oft in der obersten Etage ausbrechen als im Parterre. Ja, die oberen sind insofern mehr gefährdet, als der schädliche Dunst unten nur kurze Zeit verweilen und sich oben erst recht ausbreiten kann. In der freien Natur kommt es auch vor, wie z. B. einmal am Chiemsee, daß die Luftbewegung den an Ort und Stelle keimenden Ansteckungsstoff, in diesem Falle Malaria (Wechselfieber), hinweg- und krankheitbringend in eine andere Gegend führt. Wer mit einem Parfümeur unter einem Dache wohnt und eine feine Nase hat, wird die im Parterre verarbeiteten Essenzen bis in's oberste Stockwerk riechen und auch dann noch, wenn unten die oben auffallende Geruchsart bereits seit Tagen anderen gewichen ist. Wenn beim Apotheker im Keller Brech- oder Nießwurz gestoßen wird, werden die im ersten Stockwerke Wohnenden am Meisten von der diesen Stoffen eigenthümlichen Reizung beläſtigt.

Aber nicht nur in aufsteigender, sondern auch in der Richtung zur Seite vollzieht die Binnenluft solche Strömungen. Unser eigener Keller mag als solcher gesund sein, so kann doch aus dem Untergrunde des Nachbars, etwa eines Fleischers, böser Dunst zuströmen. Einen auffallenden Beleg hiefür bot im vorigen Jahrhundert der Kirchhof des Innocents zu Paris, dessen Fäulnißdunst, unter der Erde fortkriechend, alle benachbarten Keller angesteckt hatte, so daß ein Arzt seine Wirkung mit der der Gifte verglich, welche die Pfeile der Wilden so mörderisch machen. In der That konnte Berührung mit der jene Kellerwände netzenden Feuchtigkeit bei vorhandener Hautwunde Blutvergiftung zur Folge haben. Solche und ähnliche Erfahrungen haben wenigstens vorläufig dahin geführt, daß Leichenbestattung nicht mehr innerhalb der Städte stattfindet — sie werden mit der Zeit auch die Schlachthäuser u. a. Quellen unterirdischer Pestilenz verbannen! —

Daß auch in den bewohnten Räumen über der Erde seitliche Strömungen stattfinden, lehren alltägliche Erfahrungen: Bohnen, Kohl u. dgl., in der Küche gekocht, verrathen sich durch ihren Geruch im Flur wie in den Wohnstuben. Frischer Oelanstrich in der letzten Wohnstube wird in der ersten, wenn geheizt, lauter gerochen als in jener u. s. w. Diese seitliche Strömung im Verein mit der aufsteigenden kann aus unverschlossenem Abtritte Ansteckungsstoffe durch die ganze Wohnung tragen. Ich kenne eine solche von 5 zusammenhängenden, mit dem Abtritte, einem einfachen Senkloche, abschließende — und solcher gibt es sehr viele! — wo der Geruch in der ersten Stube deutlicher wahrgenommen wird, als in der letzten, der Pestquelle zunächst gelegenen. —

In diesem Zusammenhange ist endlich der Gebrauch der höheren Stände zu tadeln, welche, über mehrere Wohnungen gebietend und daher den Aufenthalt bald hier bald dort nehmend oder auf Reisen gehend, die leerstehende Wohnung Wochen- und Monatelang bei geschlossenen Fenstern und herabhängenden Rouleaux sich selbst überlassen. Je weniger gründlich sie zuletzt gereinigt war, um so rascher wird sie zum Sammelplatze von aufsteigenden oder an Ort und Stelle erzeugten Dünsten und so kann die Villa, die der Stadtluftmüde zum Genusse der Landluft bezieht, ihn mitten in der freien Naturumgebung mit einem versteckten Gifthauche anwehen. Daß überhaupt die Hausfrau, die doch auf gut gelüfteten Speiseschrank hält, nicht darauf kommt, die Luft im abgesperrten Wohnraume mit dem Moder zu vergleichen, der sie in schlecht angelegten Vorrathsräumen so abschreckt! — Doch für die Pflege unserer Speisen haben wir schärfere Nasen als für die unseres eigenen Leibes! —

Zehntes Capitel.

Stubenluft.

„Allzuviele Menschenwohnungen sind Vorhöfe des Kirchhofs und Gräber, in welchen der Mensch unter Jammer und allen möglichen Krankheiten vermodert."

Sonderegger.

Ueber die Verderbniß, welcher die Luft des geschlossenen, bewohnten Raumes, sagen wir kurz: der Stube ausgesetzt ist, und über die Wirkung dieser Luft auf Lungen und Blut hat uns schon Buch I, Cap. 9 unterrichtet. Hier geht unsere Aufgabe dahin, das Ganze dieser Schädlichkeiten übersichtlich zusammenzustellen. Demnach wirken folgende Vorgänge verschlechternd auf die Stubenluft ein:

1) Abnahme des Sauerstoffs, welcher von den Insassen durch Athmung verzehrt wird, ohne daß von draußen genügender Ersatz hereinkommt. Den athmenden Menschen schließt sich Abends das Beleuchtungsmaterial an, von dessen sauerstoffverzehrender Eigenschaft sich die Wenigsten Rechnung geben. Man wolle also folgende Zahlen merken:

Eine Person verzehrt binnen einer Stunde 34 Gramm Sauerstoff.

Ein Stearinkerze verzehrt etwa halb so viel als eine Person, also ca. 15 Gramm Sauerstoff.

Eine Gasflamme verzehrt in der Stunde etwa 0,1 Cubikmeter Sauerstoff.

2) Anhäufung der Athemexcremente, nemlich der aus den Lungen stammenden Kohlensäure und Wasserverdunstung. Ein Erwachsener gibt in der Stunde 40 Gramm Kohlensäure und 20 Gramm Wasser von sich, haucht sie also, wenn im Zimmer, in dessen Raum aus. Was Kinder betrifft, so gehen hier nicht etwa, wie anderwärts, zwei auf einen Erwachsenen, sondern ein Kind von 50 Pfund Gewicht haucht ebenso viel Kohlensäure aus wie ein Erwachsener von 100 Pfund.

3) Anhäufung der Hautausdünstung, die, ebenfalls ein Excrement darstellend (vgl. B. I, Cap. 4), aus Wasser mit geringen Mengen Kohlensäure und flüchtiger Fettsäure besteht. Ein Erwachsener gibt binnen 24 Stunden 5 bis 800 Gramm Wasser von sich.

Fassen wir die Mengen der von uns selbst geschaffenen Luftverderbniß zusammen, so beträgt die von einer Person durch Athmung und Hautausdünstung abgegebene Kohlensäure 20 Cubikfuß, die des Wassers 2½ Pfund in 24 Stunden — eine Größe, mit der im Hauswesen so gut wie gar nicht gerechnet wird, denn unser Geruchsorgan ist, wie früher schon bemerkt, gegen die Wahrnehmung abgestumpft und unserem Gesichtsorgane offenbart sich diese Cloakenluft, wie wir sie früher nannten, nicht. Läßt sich die Kohlensäure wenigstens mittelbar sichtbar machen (vgl. S. 51), so bleibt für das Wasser nur der Vorschlag, sich durch Abmessung jener Quantität von 2½ Pfund in tropfbar flüssiger Form dieselbe zum Bewußtsein zu bringen und sich zu sagen, daß es dasselbe Wasser ist, das wir in der unsichtbaren Dampfform von uns geben. —

4) Staub ist die vierte unvermeidliche Plage aller bewohnten Räume und diese selbst wahre Staubfänge, um so mehr, je mehr sie mit Polstern, Decken, Vorhängen, Federbetten u. dgl. ausgestattet sind. Die Außenluft weht ihn zum Fenster herein, wir selbst importiren ihn mit Schuhwerk, Kleidung u. s. w. In der Heizperiode kommt als ergiebige Staubquelle das hin- und hergeworfene Heizmaterial, der dem Ofen entströmende Dunst oder herausgeschöpfte Asche hinzu. Wie selbst peinlichste Reinlichkeit diesen Feind niemals ganz zu vertreiben im Stande ist, weiß jede sorgsame Hausfrau aus Erfahrung an großen, polirten Flächen z. B. dem Deckel des Clavierinstrumentes, der auf die Dauer beim besten Willen nicht blank zu erhalten ist. Der Staub ist es auch, der in den Theatern, Kirchen u. dgl. jenen trockenen Geruch der Luft erzeugt, namentlich beim Ein- und Austreten des Publikums, denn da wird er von den Fußtritten und ganz besonders von

den Schleppkleidern emporgewirbelt. Nicht von „Erkältung“, sondern vom Staubschlucken müssen wir beim Hinaustreten husten und nach beendigter Vorstellung haben die Diener Nichts eiliger zu thun, als die Plüschüberzüge durch Bedeckung gegen den niederfallenden Staub zu schützen.

Der Leser, der geneigt ist, sich von dieser, schon (Cap. 3) ausgeführten Quelle der Hustenplage und ihrer Größe eine Vorstellung zu verschaffen, nehme das Mikroskop zur Hand und prüfe darunter den Befund eines Glasscheibchens, das er eine Zeit lang, mit einem Tropfen Glycerin betupft, auf einem Schranke oder sonstwo in der Stube liegen ließ. Das Bild, das sich ihm da bei etwa 300facher Vergrößerung darbietet, veranschaulicht Fig. 20. Denkt man sich diese Summe von spitzigen, igelartig oder pfeilförmig gestalteten, sehr harten Gebilden in ähnlicher Fülle in der Luft herumfliegen, so wird man an der Thatsächlichkeit der Cap. 3 geschilderten Lehre vom Staubhusten nicht mehr zweifeln und hustende Kinder nicht in diesem Dunstkreise lassen, sondern an die Luft schicken.

5) Neben dem anorganischen macht sich nicht minder der organische oder Pilzstaub (vgl. Cap. 4) breit, denn wir haben in der Wohnstube dieselben drei Bedingungen, welche in der Bodenluft Anlaß zu organischen Processen geben, nemlich: Wärme, Luft und Feuchtigkeit. Schon der Modergeruch, der uns beim Betreten gewisser Familienstuben oder überfüllter Versammlungsorte, besonders in den höheren Regionen, wie der „Galerie“ des Theaters, entgegenschlägt, sagt uns, daß hierinnen Etwas „gähren“ müsse. In der That entdeckt denn auch die wissenschaftliche Untersuchung

dieses Dunstes sofort Pilzbildung. Eine kalte, etwa mit Schnee gefüllte Wasserflasche, blank geputzt hereingebracht, beschlägt sich durch Abkühlung und Verdichtung eines

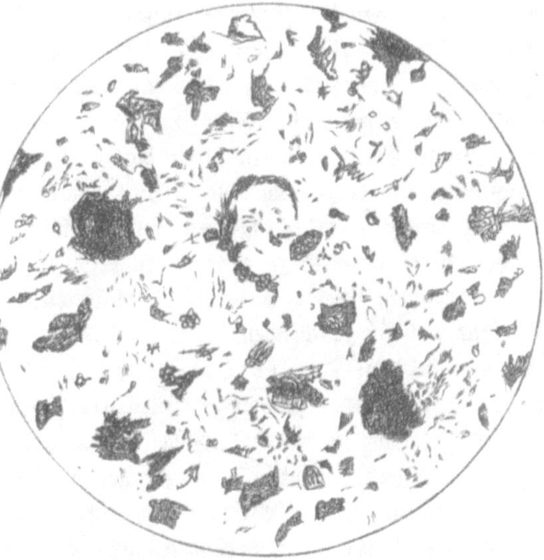

Fig. 20. Stubenstaub, über Nacht gesammelt.

Theiles dieses Dunstes zu sogenanntem Condensationswasser. Sammelt man dieses in größerer Menge, so erhält man eine trübe, übelriechende Flüssigkeit, welche unter dem Mikroskope sofort Keime und nach einigen Stunden eine Unzahl fertiger Pilze darbietet. Wer dieses Bild gesehen, wird das Auftreten der Diphtheritis, oder Pilzbräune in städtischen Wohnungen nicht mehr „räthselhaft" finden.

Elftes Capitel.

Kohlensäure. Kohlenoxyd. Leuchtgas.

Modernes Erziehungswesen thut sich nicht wenig darauf zu Gute, daß die lernende Jugend nunmehr auch mit Naturgeschichte, insbesondere Physik und Chemie vertraut wird und nützlich ist's in der That, daß die Kinder pflanzliche und mineralische Gifte u. dgl. unterscheiden lernen. „Für's Haus" aber ist dieser Unterricht so lange nicht ausreichend, als er sich mit seltenen, fernliegenden Dingen beschäftigt, die alltäglichen und nächstliegenden Gifte aber übergeht und dazu gehören an erster Stelle die in der Ueberschrift dieses Capitels aufgezählten, unsere Wohnräume unsicher machenden Gase.

Obenan steht die Kohlensäure, der wir in diesem Buche schon mehrmals begegneten. Für gewöhnlich wird von ihr gelehrt, daß sie in den „schlagenden Wettern" der Bergwerke enthalten, auf dem Spiegel der Hundsgrotte schwebe und hineinfahrende Wesen tödte, daß sie hie und da in der freien Natur dem Erdboden entströme, daß ein in Kohlensäureluft gehaltenes Licht erlösche u. s. w. Was aber, meines Wissens wenigstens, nicht gelehrt wird, das ist die Thatsache, daß dieses Gas den Menschen auf Schritt und Tritt, im Wachen wie im Schlafe verfolgt und ihn, wenn auch selten mit einem Schlage, so doch allmählig, durch langsames Siechthum zu Grunde richtet.

Das in den vorigen Capiteln nur Angedeutete fassen wir hier zusammen in die Lehre, die ich das Pettenkofer'sche Gesetz nennen möchte, und welche dahin lautet, daß Kohlensäure überall da in gesundheitswidrigem Maaße vorhanden, wo die Luft auf irgend eine Weise verdorben und unrein geworden, so daß der Promillegehalt an Kohlensäure allemal den mathematischen Ausdruck vom Grade der Luftverderbniß bezeichnet. In der That laufen denn alle wissenschaftlichen Luftuntersuchungen auf Bestimmung des Promillegehaltes an Kohlensäure hinaus, und zwar mit Hülfe der Titrirmethode. Dem durch's chemische Laboratorium Gegangenen ist diese Untersuchung ein ebenso einfacher als billiger Kunstgriff. Da aber gerade die Genauigkeit des letzteren die Richtigkeit des Ergebnisses bedingt, so unterlasse ich hier eine praktische Vorschrift für Jedermann. Dem Nichtchemiker genügt die Bekanntschaft mit der richtigen Fragestellung, wie sie oben vorgeschrieben wurde, sowie mit dem Maaßstabe, nach welchem das von Sachverständigen im Einzelfalle gewonnene Resultat zu beurtheilen ist, und welcher lautet: eine Luftart, welche mehr als 1 Promille Kohlensäure enthält, ist gesundheitswidrig. Zu wünschen wäre, daß solche Luftuntersuchungen ebenso populär würden wie die von Trinkwasser, Fleisch u. a., was in die Anschauung von den Krankheitsursachen ganz anderen Schwung bringen würde. Wie bereits früher gelehrt wurde, beruht die Schädlichkeit der Kohlensäureluft in ihrer Irrespirabilität und ebenda (S. 64) wurden Fälle mitgetheilt, in denen es zur Verschlechterung der Luft in großem Maaßstabe mit tödtlichen Folgen gekommen war. Nunmehr handelt es sich darum, den Leser mit zwei Gasen bekannt zu machen, welche nicht blos irrespirabel, sondern unmittelbar vergiftend wirken, nemlich das Kohlenoxyd- und das Leuchtgas.

Das Kohlenoxyd, die niedrigere Sauerstoffverbindung des Kohlenstoffs (= CO, während Kohlensäure = CO_2), ist insofern ein wahrhaft dämonisches Gift, als es mit blitzschneller Tödtungskraft eine absolut verborgene Erscheinungsweise verbindet. Höchstens, daß man es an einem süßlich stechendem Geruche und einer bläulichen Flamme beim Verbrennen, z. B. auf der Oberfläche glimmender Kohlen wahrnimmt. Dieses Gas ist das tödtliche Princip des Kohlendunstes d. h. des bei unvollkommener Verbrennung von Kohlen in Folge vorzeitigen Verschlusses der Ofenklappe in's Zimmer austretenden Dunstes. Selbstmord auf diesem Wege wird noch alle Tage bekannt, eine unfreiwillige Vergiftungsgeschichte bot der vor einigen Jahren mit größter Ausführlichkeit durch die Blätter gegangene Glogauer Ofenklappenproceß. Im Ganzen sind die Fälle seltener geworden, seit man, eben durch sie gewitzigt, von Anbringung einer Klappe jenseits des Feuerherdes zurückgekommen ist. Dafür hat Industrie und Bequemlichkeit eine neue Quelle geschaffen, nemlich in den selbstheizenden Holzkohlenplätteisen, von denen es unbegreiflich ist, daß die Behörde sie im Handel duldet. Ein Thier, über die Oeffnung dieses wahren Höllenschlundes gehalten, würde blitzartig verenden. Oft genug auch hört man, und mir sind in kurzer Zeit mehrere Fälle bekannt geworden, daß in Schneiderwerkstätten, welche ja diese Bügeleisen ausschließlich führen, Einer plötzlich ohnmächtig umgefallen, daß ein Anderer beständig von furchtbarem Kopfweh geplagt und immer elender wird. Die meisten solcher Beobachtungen würden die — Verkäufer dieser Giftmaschine zu erzählen wissen! — Kein verständiger Hausvater wird solches Plätteisen in seiner Nähe dulden und keine verständige Hausfrau durch die Rücksicht, daß es „so praktisch“ ist, zur Mörderin an sich oder ihren Kindern werden wollen, denn mir ist's kein Zweifel, daß schon so manches unschuldige Kind nicht dem „Lungenschlage“, sondern der Kohlenoxydvergiftung zum Opfer gefallen ist.

Im Jahre 1715 wurde der plötzlich und gleichzeitig erfolgte Tod dreier Hausgenossen als „von Teufelshand“ herbeigeführt geschildert, aber auch die Aerzte der Gegenwart haben erst vor Kurzem begonnen, der Kohlenoxydvergiftung in alle Schlupfwinkel zu folgen und ihr Wesen aufzuklären, besonders seit 1830 ein ganzer Hausstand ausstarb in Folge einer erst nach mehreren Tagen entdeckten Verglimmung der Stubenwand. Ueberhaupt wird die Unheimlichkeit dieser Vergiftung noch vermehrt durch die Art, wie es nach dem Gesetze der im Cap. 9 erläuterten Luftwanderung ihre ahnungslosen Opfer beschleichen kann, und von welcher sich ein Beispiel bei Orfila verzeichnet findet: zwei Frauen starben in ihrem nicht geheizten Schlafzimmer durch Kohlendunst, der aus dem unteren Stockwerke emporgedrungen war. In diesem hatte nemlich ein Zahnarzt die Nacht über mit Holzkohlenfeuer gearbeitet und der Camin hing mit dem Ofen des Speisesaals im oberen Stockwerke zusammen.

Ist zwar, wie bemerkt, die Ofenklappe in Verruf gerathen, so bleiben doch unsere Heizvorrichtungen, besonders der eiserne Ofen, Quellen der Kohlenoxydvergiftung, wenn sie durch Ueberheizung und Abnutzung Risse, Sprünge, Löcher bekommen, wenn die Röhren falsch gelegt oder verrußt sind u. dgl. Ein französischer Gelehrter wollte sogar gefunden haben, daß dies Gift durch die glühend gewordene Platte, ohne daß sie Oeffnungen hat, hindurchgehe, eine Angabe, die neuerdings glücklicher Weise zweifelhaft geworden ist. Wohl aber ist zu merken, daß organischer Staub, wenn auf der glühenden Platte angesammelt, von ihr zu Kohlenoxyd verbrannt wird.

Auch beim folgenden Giftgemische spielt Kohlenoxyd den Hauptschuldigen. Zunächst sei noch bemerkt, daß der Dochtdunst, der sich beim Ausblasen von Lampen, Lichtern u. dergl. entwickelt und widerlich berührt, ebenfalls Kohlenoxyd neben Kohlensäure und einem brenzlichen Stoffe, Acrolein, führt. Eine Zechergesellschaft neckte einen in der Ecke schlafenden Knaben mit Vorhaltung eines eben ausgeblasenen Lichtes vor die Nüstern. Nach einer halben Stunde bekam derselbe Athemnoth, Gliederzittern, Krämpfe und starb am dritten Tage.

Das Leuchtgas macht sich seit seiner immer allgemeiner werdenden Einführung als ein wahres Hausgift geltend. Aus Kohlenoxyd und Kohlenwasserstoff, bei unreiner Beschaffenheit auch wohl aus Schwefelwasserstoff bestehend, kann es ersteres bei beschädigter Röhrenleitung, starkem Drucke und deshalb unvollständiger Verbrennung von sich geben. Eine Schattenseite ist ferner die bedeutende, alle anderen Brennmaterialien wie auch den menschlichen Athem übertreffende Kohlensäurebildung (vgl. Cap. 10), welche sich daraus erklärt, daß nur der Wasserstoffantheil verbrennt, der Kohlenstoffantheil frei wird. Ebenfalls diese, bekanntlich intensivste Wasserstoffverbrennung bedingt die nachher noch näher zu betrachtende Heizkraft der Gasflammen.

Erwägt man nun, daß viele, namentlich von Dienstpersonal eingenommene Räume ihrer lichtlosen Lage halber im Winter den ganzen Tag über der künstlichen Beleuchtung bedürfen, so wundert man sich nicht mehr über die steigenden Klagen Seitens der Büreau-Beamten. Nicht aber die Blendung der Augen oder die geringfügige, von der Flamme ausgehende Strahlung, sondern die Verderbniß und Ueberheizung der ganzen Binnenluft machen Kopfweh, Sinnesstörung u. dgl.

Endlich hat das rohe Gas eine erst in der neuesten Zeit erkannte Erkrankungsform, das Leuchtgasfieber, unter die städtische Bevölkerung gebracht, eine Krankheit, welche zu Anfang um so mehr in Dunkel gehüllt blieb, als sie ähnlich wie Kohlenoxydvergiftung auf dem Wege geheimnißvoller, jetzt aber (nach Cap. 9) leichtbegreiflicher Wanderung in Räumen auftreten kann, welche weder selbst noch in nächster Nähe mit Gasleitung in Verbindung stehen. Besonders zur Winterzeit ereignet sich's, daß eine Röhre im Straßenkörper schadhaft wird, das Gas sich mit der Bodenluft vermischt und auf dem Wege erst der seitlichen, dann der aufsteigenden Strömung in ein fern gelegenes, geheiztes Zimmer eintritt. Seit Pettenkofer zuerst auf diese, vordem als Nervenfieber behandelten Krankheitsfälle aufmerksam machte, haben sich die Beobachtungen, z. B. soeben in Dessau und Wien, lebhaft vermehrt. Vom Nervenfieber unterscheidet sich das Gasfieber durch den plötzlichen Ausbruch und die ebenso rasche Heilung, wenn der Kranke aus der Giftluft entfernt wird. Zum Glück leitet uns hier der schwer zu verkennende Geruch rascher auf die richtige Fährte als bei der Kohlenoxydvergiftung und wird man nach Obigem diese auch dann einhalten, wenn der Einwand erhoben wird, daß ja das Haus mit Gasleitung Nichts zu thun habe. Auch am Kranken ist bemerkenswerth, daß sein Athem einen deutlichen Gasgeruch annimmt. Wie schwer es im Allgemeinen hält, mit solchen neuen, wenn auch, wie mir scheint, handgreiflichen Lehren Glauben zu finden, erfuhr ich selbst im ersten Hôtel zu Cassel, wo meine Bemerkung, daß es stark nach Gas rieche und davon Gefahr drohe, einem kühlen Hohngesichte begegnete! —

Anhangsweise sind den Binnenluftgiften die Dünste anzureihen, welche unter dem Namen der Räucherungen absichtlich erzeugt werden, um, wie man sich einbildet, die Luftbeschaffenheit zu verbessern. Thatsächlich bringt man nur anderen Geruch und einen neuen luftverschlechternden Dunst hinein. Nach einer Aeußerung Miß Nightingale's wären die besten Räucherkerzen die, welche einen solchen Gestank verbreiteten, daß man nothgedrungen alle Fenster aufmachen müßte! —

Zweiter Abschnitt.

Hygieinische Verbesserung unserer Wohnungsverhältnisse.

Zwölftes Capitel.

Freiwillige Ventilation.

„Wo die Luft nicht hinkommt, da kommt der Arzt hin."

Italienisches Sprüchwort.

Die hygieinische Theorie betrachtet mit Pettenkofer die Wohnung als eine zweite Stufe der Kleidung, wie dies an der ursprünglichsten Form, dem Zelte, recht augenfällig war. Doch auch unsere massiven Wände dienen am letzten Ende nur dazu, daß „wir sie statt unserer frieren lassen". Zu gesunder Beschaffenheit derselben ist aber ebenso wie bei der Kleidung (vgl. Buch II, Abschn. 1) ein gehöriger Grad von Luftdurchzug nothwendig und wie wir die Kleidung als die „wärmste" schätzen lernten, welche die Hautventilation am besten befördert, so nennen wir hier nur die Wohnung gesund, welche durch ihre Poren möglichst viel Luft hindurchläßt. Freilich genügt hier, wie nachher gezeigt werden soll, die bloße Durchlässigkeit der geschlossenen Wohnung nicht, sondern es muß noch geflissentliche Ventilation durch ausdrückliche Oeffnungen hinzukommen. Da aber Undurchlässigkeit der geschlossenen Theile eine Wohnung vollends ungesund macht, so müssen wir diese ihr innewohnende oder, wie man sie im Gegensatze zur absichtlichen nennt, freiwillige Ventilation an erster Stelle betrachten.

Daß durch das Mauerwerk unserer Wände Luft hindurchgehen müsse, wird für jeden Denkenden schon durch den bekannten Umstand bewiesen, daß es feucht werden kann, d. h. für Wasser durchgängig ist. Luft aber ist 770 mal leichter und beweglicher als Wasser, nur daß wir sie nicht, wie dieses, in der Wand sehen. Um auch den Luftdurchgang zur Anschauung zu bringen, ersann Pettenkofer folgendes Experiment: indem er das Ganze der anscheinend ruhigen Luft mit einem Weiher verglich, der engen Zu- und Abfluß hat, dämmte er sie an einem Stücke Wand in der Art ein, daß er es außen luftdicht umschloß (s. Fig. 21 das Mittelstück), an die freien Seitentheile aber

Fig. 21.

je einen Glastrichter mit den Spitzen nach außen sehend anbrachte (Fig. 21 die beiden Seitenstücke). Mit dieser Vorrichtung vermochte er mitten durch die Wand hindurch ein Licht auszublasen (Fig. 22). Auf Grund dieses Experimentes nun haben wir uns die Wände unseres Hauses, vorausgesetzt daß sie trocken sind, als beständigen Sitz einer ventilirenden Luftströmung zu denken.

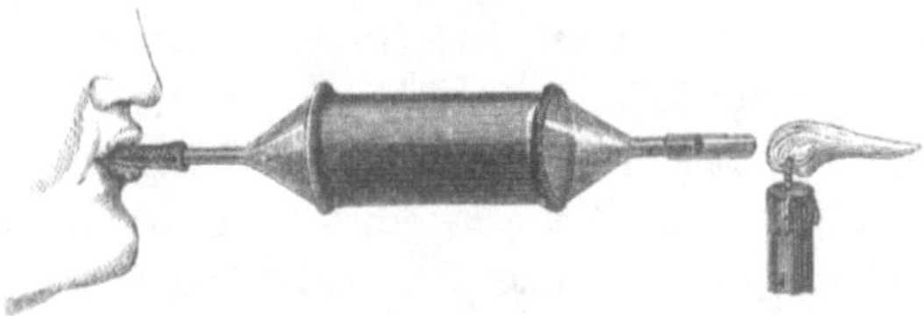

Fig. 22.

Weiter wird die freiwillige Lüftung unterstützt durch die Fugen und Ritzen in Thüren und Fenstern, welche — man kann sagen: zum Glück! — niemals hermetisch schließen und, wenn gelegentlich geöffnet, immer größere Mengen frischer Luft hereinlassen.

Drittens kommt während der Heizperiode noch die Ventilation durch den von drinnen geheizten Ofen hinzu, welche in Cap. 16 näher gewürdigt werden soll.

Das Gegenstück der freiwillig ventilirenden und deshalb „trocken" genannten Wohnung ist die feuchte d. h. in ihren Poren statt mit Luft theilweise mit Wasser gefüllte. Da jeder Neubau zunächst feuchte Wände liefert, so bleibt es Aufgabe der absichtlichen Ventilation (Cap. 15), ihn vor seiner Beziehung auszutrocknen. Wo nicht, so vereinigen sich abermals Feuchtigkeit, Wärme und schlechte Luft zur Erzeugung von organischen Processen und Pilzbildung, welche im Kleinen das darstellt, was man im Großen den „Schwamm" in einem Hause nennt und so bezeichnet ein französischer Hygieiniker die Lebensweise der Insassen einer feuchten Wohnung als „Champignon-Existenz“, deren Folgen hauptsächlich im Skrofelsiechthum der Kinder zu Tage treten.

Der freiwilligen Ventilation ist's ferner zu danken, wenn es in bewohnten, sonst wenig gelüfteten Räumen nicht zu so schreiender Luftverderbniß kommt wie auf dem Dampfer Londonderry oder in jenem „schwarzen Loche“ (vgl. S. 65). Um aber ganz gesund zu heißen, muß zur freiwilligen die absichtliche Ventilation hinzukommen, in welche ich jedoch den Leser erst nach Erledigung einer Vorfrage einzuführen für geboten halte.

Dreizehntes Capitel.

Ventilation und Zugluft.

„Sind wir ein Spiel von jedem Druck der Luft!“

Göthe's Faust.

Die Praxis ausdrücklicher Lüftung stößt vorläufig beim Publicum, besonders beim binnenländischen, an der Scholle klebenden, von Berührung mit dem frischen, freien Luftmeere von Jugend auf entwöhnten Spießbürger- und Muhmenthume auf ein Vorurtheil, nemlich auf die Furcht vor Erkältung durch Das, was man obenhin „Zugluft“ nennt. In gewissen Kreisen gibt es wohl keine Krankheit, welche nicht auf solches „Kaltgewordensein“ geschoben würde, auch wenn sich im besonderen Falle eine Quelle des „Zuges“ gar nicht nachweisen läßt, eine Theorie, um so unheilvoller, als sie, zur grundsätzlichen Luftscheu ausartend, den gesunden Körper in einem Dunstkreise gefangen hält, der ihm seinerseits erst recht Krankheit beizubringen wie geschaffen ist. Dabei herrscht vollkommene Begriffsunklarheit über das, was man denn eigentlich „Zug" zu nennen habe, was nicht? Unsere Altvordern besaßen, aus der populären Wochenschrift J. A. Unzer's zu schließen, darüber eine klarere Vorstellung, indem sie von „Hohlung" sprachen und statt „es zieht" sagten: „es hohlt", worunter sie eine durch eine enge Oeffnung hereinblasende, kältere Luftströmung verstanden. Das hatte Hand und Fuß, denn selbst der Kräftigste, Abgehärtetste wehrt sich gegen solche „Hohlung". Heutzutage aber spricht man von „Zug" wo immer man die Empfindung hat, daß die Luft, sei sie nun warm oder kalt, in Bewegung begriffen ist. Nachdem ich in meinem „medizinischen Hausbuche" von den Erkältungskrankheiten (Berlin, Denicke's Verlag, 1873) dieses Wirrsal von Gedankenlosigkeit, Willkühr und Ueberklugheit ausführlich untersucht habe, will ich hier nur den Begriff „Zug" und „Zugluft" auf das richtige Maaß zurückzuführen suchen.

Völlig bewegungslose oder, im trivialen Sinne zu reden, zugfreie Luft gibt es überhaupt nicht, denn selbst die anscheinend ruhigsten Schichten bewegen sich immer noch mit einer Geschwindigkeit von einem halben Meter in der Secunde. In dem Maaße als diese Geschwindigkeit wächst, beginnen unsere Hautnerven die Bewegung als solche wahrzunehmen, jedoch so lange nicht in unangenehmer Form, als die Temperatur der bewegten Luft nicht sonderlich niedrig ist. Ist letzteres der Fall und strömt dabei das bewegte Element von allen Seiten herbei, so ist die Folge eine raschere Abkühlung durch Leitung (vgl. Buch II, Abschn. 1), die uns frieren macht, der wir aber durch Anlegung entsprechender Kleidung erfolgreich begegnen. Während sie so unserem Wärmegefühl Nichts anhaben kann, erquickt sie unser Athmungsorgan als frische Lungenspeise und schon die Rücksicht auf dieses erlegt uns die Pflicht auf, „unsere Haut zu Markte zu tragen". Wann man in diesem Stücke von Luftbewegung, windigem Wetter oder sogenanntem Zug zu reden hat, hängt ganz von Gewöhnung oder augenblicklicher Stimmung ab. Der Seemann nennt noch stilles Wetter, was der Binnenländer als „furchtbaren Wind" empfindet. Ist Letzterer aber erst ein paar Mal mit nach America und zurück gefahren, so hat er sich wie Ersterer gewöhnt, ja vielleicht die Berührung mit dem frischen, freien Wellenschlage des Luftmeeres als eine Art gesunder Schwelgerei schätzen gelernt, auf welche die daheim im geschlossenem Wagen fahrenden Philister zu ihrem großen Schaden verzichten. Mag man sie immerhin als „Geschmackssache" behandeln, so muß doch die Ansicht, daß die den Körper von allen Seiten gleichmäßig umspülende Luftbewegung krankmachend wirke, als gemeingefährlich gekennzeichnet werden. In dem engeren Zusammenhange dieses Abschnittes fällt sie zusammen mit dem Begriffe der Ventilation, welche so nothwendig zur Erhaltung der Gesundheit, daß Jeder die Pflicht hat, sich von Kindesbeinen an daran zu gewöhnen. Ein angesehener Praktiker äußerte: „Habe ich zu wählen zwischen schlechter und Zugluft, so ziehe ich letztere vor und meine Patienten befinden sich wohl dabei." Sonderegger wendet auf Die, welche die Einathmung verdorbener Binnenluft der Berührung mit der freien Atmosphäre vorziehen, das Aesop'sche

Gleichniß vom Hühnchen an: erschreckt flieht es den unwirschen Hund, der ihm sonst nichts zu leide thut, nähert sich aber vertrauensvoll der schmeichlerischen Katze, — um von ihr zerrissen zu werden.

Für den hygieinisch Denkenden schrumpft nach Alledem der Begriff „Zug" als krankmachende Potenz zu jenem schon oben angezeigten Ausnahmefall zusammen: auf einseitige Einwirkung eines einseitig heranblasenden verhältnißmäßig kalten Luftstromes. Diese ist in der That im Stande, durch Störung der Wärmeregelung Das herbeizuführen, was man mit Recht Erkältungskrankheit nennt. Die plötzlich gesteigerte Wärmeentziehung kann entweder örtlich auf den betroffenen Theil so einwirken, daß seine Nervenspannung gelähmt wird, Muskel- oder Nervenrheumatismus entsteht, oder sie kann die ganze Wärmeregelung so aus dem Gleichgewicht bringen, daß ein innerer „Fluß", hier Katarrh genannt, sich entwickelt. Im letzteren Falle wurde die Capillarfederkraft (vgl. Buch I, Abschn. 2) des betreffenden Theiles zu einer so plötzlichen Zusammenziehung gereizt, daß die Capillaren des ganzen Hautorgans, so zu sagen, einen gleichen Schreck empfanden, und, obgleich es ursprünglich nur einem Theile galt, sich allesammt krankhaft zusammenzogen, das Blut nach innen treibend. Doch auch hier ist's Sache der Gewöhnung, ob man sich stark oder leicht oder gar nicht erkältet und da es in dem Dunstkreise, den sich der civilisirte Mensch geschaffen, nun einmal ohne Zugluft nicht abgeht, so bleibt es auch hier Pflicht, seine Capillarfederkraft nach dem früher entworfenen Plane gegen solche Unbill zu schützen.

Was die hergebrachte Angst vor Zugluft noch bestärkt und auf die geringfügigste Form Anwendung finden läßt, ist die falsche Deutung jenes gewöhnlichen Falles, wo der am Fenster Sitzende durch die Ritzen „Zug“ hereinströmen glaubt. Er hängt einen wollenen Vorhang davor, in der Meinung, damit den „Zug“ abzuhalten. Die Physik aber lehrt, daß solche Decke tausend Mal mehr Luft hindurchläßt als die Wand. Wenn gleichwohl das Gefühl für das Gegentheil spricht, so liegt dies daran, daß die Wand eben nicht durch Luftbewegung „zog“, sondern uns durch gesteigerte Abstrahlung, die sie uns einseitig abnöthigte, erkältete. Aus demselben Grunde sperren wir uns gegen feuchte Wand durch eine Holzlage ab u. s. w.

Vielleicht trägt diese Auseinandersetzung dazu bei, die bei uns Deutschen zur Uebertreibung geschraubte, Franzosen wie Engländern unbekannte, Luftscheu und falsche Erkältungsfurcht zu mindern. In dem Maaße als die hygieinische Forschung in die Einzelheiten der täglichen Praxis eindringt, in dem Maaße erkennt sie in dieser Luftscheu die Wurzel des schleichenden Siechthums unseres Geschlechtes und der verschleppten Genesung Erkrankter. Ehe die landläufige Gleichstellung von Ventilation mit Zugluft nicht aus den Köpfen verbannt sein wird, wird es mit Erfüllung der Grundbedingung gesunder Wohnung gute Weile haben!

Wie wenig Herz und Verständniß die luftscheue Gegenwart für das Wesen der Ventilation besitzt, sieht man an den halben Anläufen, welche jetzt, da's anfängt, zum guten Tone zu gehören, in der Praxis genommen werden. Die Meisten glauben, wenn sie nur Etwas, was ungefähr wie Ventilation aussieht, im Zimmer haben, dem Gebote Genüge geleistet zu haben, und die Baumeister, auch wenn sie das Richtige wissen, werden am vollen Vorgehen durch Rücksicht darauf zurückgehalten, daß die Leute Alles verabscheuen, was nur entfernt nach „Zug" riecht. Da sieht man beispielsweise in der Decke oder oben an den Wänden Löcher angebracht, zu denen „die schlechte Luft hinausspaziert", oder eine Oeffnung in der russischen Röhre, vor welcher eine Gasflamme brennt, welche „die Ventilation unterhält" — beides Vorrichtungen, die so gut wie Nichts ausrichten, denn dort sind die Querschnitte der Oeffnungen von vornherein viel zu klein im Verhältniß zum ganzen Raume und hier würde die Flamme allenfalls, nemlich durch Erwärmung der Luft in der Röhre, etwas ausrichten, wenn sie drinnen brennte nnd was der verfehlten oder halben Anlagen mehrere sind.

Wieder Andere halten eine besondere Anlage für überflüssig, seitdem sie von der freiwilligen Ventilation (s. Cap. 12) reden gehört haben und meinen weiter, der Ofen thue das Uebrige.

Wem's Ernst mit der Sache ist, der befreunde sich zunächst mit zwei Grundgesetzen, welche hier erst kurz entworfen und dann in den beiden folgenden Capiteln weiter ausgeführt werden sollen.

Das erste Gesetz schreibt Pettenkofer praktisch so vor: Wenn ich einen Düngerhaufen im Zimmer habe, so thue ich viel gescheidter, diesen zu entfernen, als seine Gerüche durch Ventilation verjagen zu wollen. Es ist viel vernünftiger, von vornherein unsere Binnenluft vor solcher Verunreinigung zu behüten als hinterher ihre Folgen durch Ventilation ausgleichen zu wollen. In einem Worte ausgedrückt, lautet dies Gesetz also auf Reinlichkeit im ganzen Hause, vom Keller bis zum Giebel. „Ohne durchgreifende Reinlichkeit helfen in einem Hause, einer Anstalt alle Ventilationsvorrichtungen nichts oder wenig. Das eigentliche Gebiet der Ventilation beginnt erst da, wo Reinlichkeit durch rasche Entfernung oder sorgfältigen Verschluß luftverderbender Stoffe Nichts mehr zu leisten vermag." Die Ausführung dieser Vorschrift nennen wir, da sie auf Fernhaltung luftverderbender Einflüsse gerichtet ist, negative Ventilation.

Ihr stellen wir gegenüber die positive Ventilation, welche sich mit stetiger Abfuhr der nun einmal fertigen luftverderbenden Einflüsse befaßt und dies sind die von uns selbst unzertrennlichen und unaufhörlich abgegebenen Excremente der Athmung und Ausdünstung, insbesondere Kohlensäure und Wasserdampf, welche durch Anhäufung die Binnenluft zu verderben drohen. Diese Luftverderbniß zu verhüten, muß die positive Ventilation das zweite Grundgesetz erfüllen, nemlich eine Lufterneuerung von 60 Cubikmeter pro Person und Stunde schaffen.

Vierzehntes Capitel.

Negative absichtliche Ventilation.

Die Praxis der Fernhaltung luftverderbender Einflüsse kommt besonders beim Neubau und beim Bezug eines neuen Hauses in Frage, und zwar in der doppelten Richtung der Trockenheit der Wände und des Abschlusses gegen die Bodenluft.

Die Wandungen eines Neubau's werden feucht durch die Zuthat des zur Zusammenfügung der Steine erforderlichen Wassers, welches nachher eine ganze Zeit lang braucht, um wieder zu verdunsten und dem Mörtel die Eigenschaft zu ertheilen, welche ihn nebst den Ziegelsteinen zu einem gesunden Baumaterial macht, nemlich die Porosität und damit die Fähigkeit der freiwilligen Ventilation. Feuchte Wand wirkt weniger durch die schon besprochene (Cap. 13) erkältende Wirkung, gegen die wir uns schützen können, schädlich, als vielmehr dadurch, daß das Wasser, die Poren verstopfend, die freiwillige Ventilation aufhebt. Wird nun eine solche feuchte Wohnung bezogen, so kommt weiter die Ausdünstung der Insassen hinzu, um sie durch tropfbar flüssigen Niederschlag an der verhältnißmäßig kalten Wand noch mehr anzufeuchten und das um so eher, je stärker geheizt wird. Die gewöhnliche Meinung freilich geht dahin, daß Heizung die Wohnung austrockne; thatsächlich aber wird im Winter ein Neubau nicht „trocken", sondern feucht gewohnt, indem nemlich erst die Ofenwärme die Dünste durch Verminderung ihrer Spannung im Raume recht ausbreitet; dann die Kälte der Wand sie um so rascher niederschlägt. Nicht länge dauert's auch und die beim Einziehen anscheinend schon trockene Wand beschlägt sich erst recht mit nassen Stellen. Noch schneller geht's damit, wenn in den Stuben gekocht, geplättet oder gar nasse Wäsche aufgehängt wird.

Auch unter Fachleuten herrscht über die Methode rascher Austrocknung eine falsche Theorie, deren Berichtigung hier am Platze sein dürfte, weil sie auch in die allgemeine Vorstellungsweise übergegangen ist und durch ihre gelehrte Fassung imponirt.

Ausgehend nemlich von der Thatsache, daß beim Trocknen des Mörtels sich kohlensaurer Kalk bildet und Kalkhydrat frei wird, schob man die Naßwerdung auf dieses Hydratwasser, eine Theorie, deren Unhaltbarkeit durch Pettenkofer überzeugend dargethan und durch die vorhin von mir verzeichnete ersetzt worden ist. Daraus folgt weiter für die Praxis, daß die übliche Methode der Unterhaltung von Kohlenfeuer (im geschlossenen Raume) „zur Beförderung der kohlensauren Kalkbildung im Mörtel" auf Selbsttäuschung beruht. Thatsächlich gibt es keinen andern Weg der Austrocknung als Förderung der Abdunstung der Feuchtigkeit an die Luft und zu dieser müssen Heizung und Ventilation sich vereinigen: Heizung aller Oefen bei Oeffnung aller Thüren und Fenster bleibt die einzig rationelle Methode. Doch auch damit will es gute Weile haben und so wird die Hygieine noch lange gegen die banausische Praxis der raschen Vermiethung neugebauter Wohnungen vergeblich eifern.

Nach Obigem kann nur der Zeitraum, wie lange das Haus gelüftet wurde, nicht das Befühlen oder der Anblick einer trockenen Wand entscheiden, aber Vermiether wie Miethende sind beide zu gleichen Theilen anzuklagen, daß sie's mit Abschätzung dieses Zeitraumes recht leichtfertig nehmen. Ein spanisches Wort schreibt vor: „Dein neues Haus gib' das erste Jahr deinem Feinde, das zweite deinem Feinde und erst im dritten zieh' selbst hinein."

Was den Abschluß der Binnenluft nach unten betrifft,

so richtet er sich gegen den in Cap. 9 durch Vergleich mit einer Käseglocke veranschaulichten Uebelstand des Aufsteigens schädlicher Bodenluft oder auch von Grundwasser. Um zunächst den letzteren Fall beispielsweise zu erörtern, so habe ich mich an meinem früheren Wohnorte überzeugen müssen, wie in einem nahe der Elbe gelegenen Massenquartiere, aus dem in einer Woche 17 Choleraleichen getragen wurden, bei steigendem Wasser die Wände sich wie Löschpapier vollsogen, während das Souterrain natürlich überschwemmt wurde. Beispiele von emporsteigenden Gasen haben schon Cap. 9—11 gebracht und sei hier nur noch darauf hingewiesen, daß wir bei aller sonstigen Reinlichkeit im eigenen Hause Gefahr laufen, durch den Boden Gase oder andere Ansteckungspilze aus der Nachbarschaft zu beziehen. Nunmehr wird klar sein, daß und warum auf Einrichtung des Grundstockes, insbesondere des Kellers, dieselbe Sorgfalt zu verwenden bleibt wie auf Einrichtung der Wohnräume. Am Besten wird der Abschluß nach unten durch Betonmauerung erzielt, welche den ganzen Hausboden wie auch die Umfassungsmauern bis hinauf zur Erdoberfläche wie mit einem schützenden Deckel zu umgeben hat. In bereits fertigen Häusern läßt sich dieser Anzeige nachträglich dadurch genügen, daß die Kellersohle mit Betonmasse belegt oder gewölbt, die Kellerwände durch Ausfugen mit Cement möglichst luftdicht abgeschlossen werden. Nebstdem muß der den Keller wie eine Art Rumpelkammer behandelnde Haushalt, laufend darauf Bedacht nehmen, auch im so abgeschlossenen Raume organische Processe und Pilzbildung nicht durch eigene Schuld zu erzeugen. Die Wände müssen mit Oel gestrichen oder des

Oefteren mit Kalk getüncht, Handfeger und Scheuerbürste da unten ebenso heimisch werden wie oben — Rathschläge, welche freilich in einer Zeit, der die Mode Alles ist, und die nur da auf Sauberkeit hält, wo „die Leute" ihren kritischen Blick hinwerfen, einer besseren Zukunft harren müssen!

Ein Abstecher auf's Gebiet der öffentlichen Gesundheitspflege wird geboten durch den Umstand, daß das Privatgrundstück sich unmittelbar in den städtischen Boden fortsetzt und dieser von uns täglich betreten oder Das, was er etwa an Dünsten emporsendet, eingeathmet wird. Nach hygieinischen Grundsätzen müßte auch der Straßenboden ebenso dicht abschließen, wie es beim vorschriftsmäßig gebautem Keller der Fall ist. Die alten Römer ahnten dies Gebot, indem sie, wie dies die Ueberreste am Rhein, an der Mosel, in Bayern und im Salzburgischen lehren, völlig undurchlässige Straßen schufen, aus 4 Schichten, deren eine aus Beton bestehend. So kostspielig solche Anlagen, so unverwüstlich sind sie nach dem Zeugnisse des Florenzer, aus der Medicäer-Zeit stammenden Pflasters. Unser modernes dagegen ist ein wahres Muster von dem, wie's nicht sein sollte, und so ist's kein Wunder, wenn der ahnungslose Ankömmling in einer von Cholera heimgesuchten Stadt sich beim bloßen „pflastertretenden" Durchwandern der Straßen die Ansteckung holt! —

Was drittens die Verhütung der Staubplage betrifft, welche durch Ventilation allein nur Ortsveränderung, aber nicht Beseitigung erfährt, so hat sie vorerst auf Fernhaltung von Staubfängen Bedacht zu nehmen. Als solche sind, wie schon gesagt (Cap. 3), alle wollenen

Stoffe, Decken, Teppiche, Portièren, Gardinen und ferner Polstermöbel zu betrachten, welche letzteren für gewöhnlich nur gebürstet, nicht aber ausgeklopft werden. Bloßes unsanftes Daraufsetzen genügt, um eine Staubwolke emporzuwirbeln. Ihnen zur Seite stehen in den Schlafstuben Federbetten und Strohsäcke, weniger Matrazen aus Roßhaar. Entsetzlich ist die Staub- und Geruchatmosphäre, welche in kleinen Haushaltungen die Stunde des Bettens erzeugt! In besseren Hausständen bekundet sich neuerdings ein Fortschritt, indem die Polstereinrichtungen von geschnitzten und strohgeflochtenen verdrängt werden. Nebstdem bleibt der Fußboden ein Ablagerungsplatz der von außen hereingewehten, hereingetragenen, durch Reibung und Abnutzung der Gegenstände erzeugten Staubmassen, deren Beseitigung durch nasses Aufwischen ziemlich allgemeiner Brauch. Das Scheuern der bloßen Diele, das gegentheils wieder Feuchtigkeit verbreitet, wird überflüssig durch gebohnten, ölgestrichenen oder parquetirten Fußboden; wollene Fußdecken werden besser durch Wachstuch oder Linoleum ersetzt. Wie erheblich die Ansammlung in unordentlich gefegten Localen wird, lehrt der Besuch von Kirchen, wenn sie wegen einer Aufführung eine ungewöhnliche Menschenmenge aufnehmen, die nun, auf Treppen und Emporien durch Fußtritte und Kleiderschleppen den Staub von Jahren aufwirbelnd, eine wahre Wüstenluft erzeugen.

Die Betrachtung von Fig. 19, deren Inhalt hauptsächlich von Asche herrührt, wird dazu anleiten, daß die Hausfrau mehr Acht auf die Ausräumung des Abfalls der Oefen gibt und diese überhaupt nur, besonders wenn hustenkranke Kinder da sind, nach vorheriger Benetzung gestattet. Durch sorgfältige Verstopfung dieser Staubquelle ist schon mancher Stickhusten geheilt worden, dessen Ursache man wohl in den — Sternen suchte! — Nicht nur „das Gute", sondern auch das Böse „liegt so nah"! —

Die große Zahl weiterer besonderer Staubquellen in Privatwohnungen — ganz abgesehen von denen in Werkstätten — läßt sich nicht aufzählen, sondern ihre Entdeckung muß dem durch dies Buch im Allgemeinen geschärften Blicke der Betheiligten überlassen bleiben. Beispielsweise sei auf das offene Streusandgefäß verwiesen, das in Post- und anderen Büreau's manchen trockenen Husten verschuldet u. dgl.

Daß der hygieinisch geregelte Haushalt die Binnenluft nicht auch noch durch Trocknen und Plätten von Wäsche, Kochen von Speisen u. s. w. verdirbt, erkennt der Leser unschwer als selbstverständlich.

In's Bereich der negativen Ventilation gehört endlich, genau genommen, auch das, was aus systematischen Gründen erst später (Cap. 17) unter dem Namen der Desinfektion und Canalisation abgehandelt werden soll, was aber nach Belieben vorweg gelesen werden mag.

Fünfzehntes Capitel.

Positive absichtliche Ventilation.

Zur Verhütung der Luftverderbniß durch Athmung und Ausdünstung genügt, wie gesagt, die freiwillige Ventilation nicht, weil sie nicht im Stande ist, jenes Gesetz zu erfüllen, das einen Luftwechsel von 60 Cubikmeter pro Person und Stunde verlangt (Cap. 13.). Die Poren unserer Wohnungswand besitzen nicht annähernd jene Ventilationskraft, welche unserer Körperwand, dem Hautorgane, eigen ist und außerdem gilt es hier meist der Abfuhr von Excrementen, die mehrere Personen von sich geben. Die Bestimmung des Kohlensäuregehaltes (Cap. 11) lehrt denn auch, daß sehr bald nach Beginn einer Zusammenkunft im geschlossenen Raume die Verderbniß sich der Stufe der Irrespirabilität nähert. (Ein Beispiel s. Cap. 20) um diese zu verhüten, muß der Binnenraum mit einer Art Lunge — so könnte man das Wesen der positiven Ventilation kennzeichnen — ausgestattet werden.

Solche Anlagen zeigen denn in der That schon jene öffentlichen Neubauten, Bahnhöfe, Theater, Krankenhäuser, in denen absichtliche Ventilation nachgerade selbstverständlich zu werden beginnt. Was man hier zu sehen bekommt, paßt aber der bedeutenden Anlage- wie Unterhaltungskosten halber gewöhnlich nicht in Privatbauten und wird daher immer mehr Specialität der öffentlichen Gesundheitspflege bleiben. Technisch nennt man es künstliche Ventilation im Gegensatze zur natürlichen, auf deren Pflege sich die persönliche Gesundheitspflege beschränkt. Erstere kann daher hier nur beiläufig berührt werden.

Die gewöhnlichste Form der künstlichen Ventilation ist das Pulsions- oder Lufteintreibungssystem, bestehend in einem Maschinenwerke, welches die frische Luft mit Kraft und in Fülle in die Wohnräume hineinpumpt. Dem entgegen arbeitet die natürliche Ventilation nur mit den physikalischen Eigenthümlichkeiten verschieden temperirter Luftschichten. Kalte Luft nemlich ist schwerer als warme und wenn man sich in einer communicirenden Röhre auf der einen Seite (Fig. 23 k) kalte, auf der anderen (w) warme Luft denkt, so befinden sich beide erst dann im Gleichgewicht, wenn das Niveau der kalten niedriger, das der warmen höher steht. Wird geheizt, so steigt, wie wir später näher betrachten werden, die erwärmte Luft in die Höhe, die kalte, von draußen eindringende hält sich am Boden. Oberflächliche Betrachtungen dieser Art haben die Ansicht geläufig werden lassen, daß warme Luft aus sich selbst emporsteige, eine Ansicht, die vornehmlich jene schon gerügten, unrichtigen oder halben Ventilationseinrichtungen erzeugte. Auch auf eine andere Art der künstlichen Ventilation ist sie durch die Benennung des Aspirationssystemes angewendet worden. Dieses besteht nemlich darin, daß man einen Luftschacht durch Feuerung erwärmt, sogenanntes System Duvoir, wo dann nach obigem Gesetze die erwärmten Schichten in die Höhe steigen, die kalten nachdrängen und so ein ventilirender

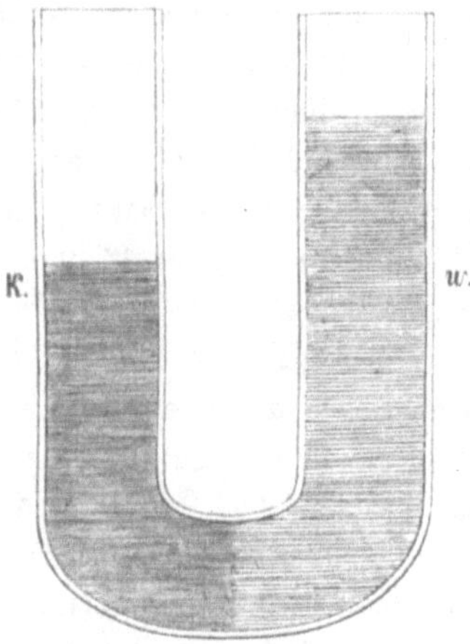

Fig. 23.

Luftstrom unterhalten wird. Der Kürze wegen hatte auch ich Cap. 9 vorläufig von einer Aspiration der kalten durch die warme Luft gesprochen. Hier ist der Ort, diese Vorstellung auf Grund des durch Fig. 23 veranschaulichten physikalischen Gesetzes zu berichtigen.

Warme wie kalte Luft folgen ursprünglich dem Gesetze der Schwere, streben also zur Erde, nur thut dies jene in geringerem Maaße als diese; im Nebeneinander senkt die kalte sich rascher zu Boden, die warme bleibt oben; gerathen sie in Bewegung, so drückt die kalte die warme Luftschicht nach oben — dies der richtige Ausdruck für das, was man „Ansaugung" der kalten durch die warme nennt. Tabaksdampf, wenn erkaltet, ist schwerer als einfache Luft, fällt daher nieder, wenn wir ihn in ein (abkühlend wirkendes) Glas blasen. Im Coupé ausgestoßen steigt er dagegen in die Höhe, weil er, noch warm, von der in Bewegung begriffenen kalten Luft emporgetrieben wird. Der „Zug" entsteht ebenfalls entweder dadurch, daß kalte Luftschichten auf warme drückend einwirken (von ihnen „aspirirt" werden) oder daß sie durch Windbewegung hereingetrieben werden. Daß unter Umständen auch dem Winde eine ventilirende Kraft innewohnt, lehrt folgendes Experiment von Wolpert, dem Verfasser der „Principien der Ventilation und Luftheizung", eines Buches, das jeder der gründlichen Belehrung Bedürftige studiren sollte. Füllt man das Glas Fig. 24 mit Tabaksdampf, den man erkalten läßt (s. oben), und bläst, nachdem man ihn durch den Pappdeckel c d gegen direkten „Zug" geschützt, in der Richtung a b gegen die Haube der eingeführten Röhre, so entweicht er im Nu durch letztere. Aehnliches sieht man

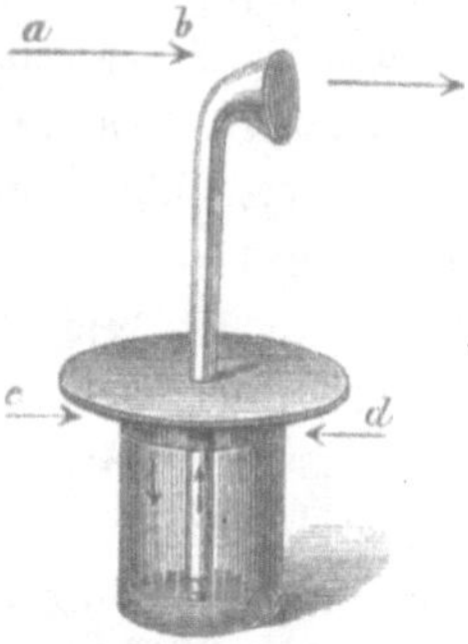

Fig. 24.

übrigens an einer Flamme vor einem Papierblatte, welche sich nach letzterem neigt, wenn man an ihm entlang bläst. Auf Grund dieses Experimentes hat Wolpert einen „Luftsauger“ construirt, der sich an Privatbauten, besonders auf Schornsteinen zur Förderung der natürlichen Ventilation leicht anbringen läßt. (Vgl. auch nachher Cap. 16, Anfang.)

Im Uebrigen läuft die natürliche Ventilation auf richtige Leitung des Gleichgewichtspieles zwischen kalten und warmen Luftschichten hinaus, wobei als Hebel die natürlich oder künstlich erzeugte Temperaturdifferenz benutzt, die Entstehung von (schädlicher) Zugluft möglichst vermieden wird. Wenn in Cap. 13 der Gewöhnung an ein gewisses Maaß von Luftbewegung das Wort geredet wurde, so muß hier die Nothwendigkeit einer solchen mit Rücksicht darauf betont werden, daß unsere modernen Wohnungen durchgängig so beschränkt angelegt sind, daß ohne stetige Erneuerung die Luftverderbniß in kürzester Frist einen Höhepunkt erreicht. Je enger aber ein Wohnraum, um so schwieriger zu vermeiden ist's, daß die hereingelassene Luft sich durch ihre Bewegung fühlbar macht, so daß dem Empfindlichen vorläufig Nichts übrig bleibt, als sich durch wärmere Kleidung zu schützen und sich mit der Zeit abzuhärten.

Der Zweck dieses Capitels wäre erreicht, wenn es durch die bisherige Auseinandersetzung gelungen wäre, dem

Leser eine richtige Anschauung von der Theorie der natürlichen Ventilation zu eröffnen, wo er sich dann ganz von selbst sagen wird, daß die Praxis nicht in Anbringung irgend eines stabilen Apparates, sondern in der je nach der jahreszeitlichen Temperaturschwankung methodisch geregelten Luftströmung zwischen drinnen und draußen bestehen kann. Besonders zu bemerken bleibt, daß die sogenannten Ventilationszüge am Fuße der gewöhnlichen Kachelöfen, wenn zwar sie die mit der Heizung verbundene Luftbewegung fördern, doch weit entfernt bleiben, jenes erforderliche Maaß von 60 Cubikmetern pro Person und Stunde zu leisten.

Für alle ein bereits fertiges Haus als Miether Bewohnende — und das dürfte von der Mehrzahl meiner Leser gelten — bleibt der einzige Ventilator das Fenster und mit Rücksicht darauf, daß luftscheue Ueberlieferung diesen Satz besonders dem weiblichen Theile schwer eingehen lassen mag, berufe ich mich auf das Wort einer Dame, der trefflichen Miß Fl. Nightingale, die da sagt: „die Thüren sind dazu da, daß sie geschlossen — die Fenster dazu, daß sie geöffnet werden.“ Auch historisch läßt sich beweisen, daß das Fenster ursprünglich in der Absicht angelegt wurde, um nicht bloß Licht, sondern auch Luft einzulassen, der Stube, wie ich vorhin sagte, als „Lunge“ zu dienen. Bis vor kaum zweihundert Jahren, wo erst das Fensterglas in allgemeinen Gebrauch kam, blieben diese Luftlöcher offen oder wurden mit davorgestellten Brettern, herabhängenden Thierhäuten höchst lose geschlossen. Auch die erste Form der Fensterscheibe, eine Mosaik kleiner durch Blech zusammengefügter Plättchen, ließ noch reichliche Luft ein. Zu bedenken ist ferner, daß damals die

Räume weit größer, die Schädigung der Binnenluft durch Heizung weit unerheblicher war: der Kachelofen gab noch nicht die Sprühhitze des eisernen und das Material, ausschließlich Brennholz, nicht die Staubplage und den Ruß der Kohle. Jetzt schließen wir uns mit dichter Scheibe gegen die Luft draußen ab und erzeugen drinnen mit Eisen eine Backofenhitze, eine Kohlenoxyd- und Staubquelle! (Ueber Doppelfenster s. Cap. 16).

Es gilt also, allen zur Zeit herrschenden Vorurtheilen zum Trotz, als erstes Gebot der Ventilation den in Vergessenheit gerathenen Satz wieder zum Durchbruch zu bringen: Offenes Fenster! — Damit soll natürlich nicht gesagt sein, daß man Jahraus Jahrein alle Flügel angelweit aufstehen lasse, sondern nach Obigem ist schon klar, daß der Grad der Offenhaltung sich nach dem Temperaturunterschiede von drinnen und draußen zu richten hat, womit sich freilich dem sorglichen Familienhaupte eine neue tägliche Obliegenheit eröffnet. Im Sommer wird er auf volle Oeffnung, im Herbst und Frühjahr je nach dem Grade der Windbewegung auf ein Mittelmaaß, im Winter auf theil- und zeitweise Lüftung halten. Schlafstuben, das ist schon aus Buch I, Cap. 9 klar, müssen nicht am Tage, wo ja kein Mensch die Luft darin verdirbt, sondern über Nacht dauernd mit der frischen Luft in Verbindung stehen durch eine Oeffnung, die um so größer ausfallen muß, je kleiner der Raum und je größer die Zahl der Insassen. So heftig der landläufige Widerspruch gegen diese, natürlich auch von Pettenkofer dringend gepredigte Vorschrift, um so mehr habe ich mich überzeugt, daß die, welche sich nicht scheuten, sie wenigstens einmal zu versuchen, sehr bald nicht mehr davon lassen und im geschlossenen Raume gar nicht mehr schlafen konnten. Wer sich dabei erkältete, hatte es darin versehen, daß er sich nicht warm genug kleidete, namentlich den Nacken nicht mit einem Tuch schützte. Was Kinder betrifft, so bemerke ich im Anschluß an Buch II, Cap. 6, auf Grund langjähriger Beobachtung im eigenen Kreise, daß sie sich nicht bloslegen, sondern in dem Maaße in's Bett verkriechen als es in der Stube kalt wird. Auch im (natürlichen) Schlafe behält der Mensch das Gefühl der Temperatur und den Trieb, sich gegen ihre abkühlende Wirkung zu schützen.

Wer sich gegen diese Praxis auflehnt, beweist nur, daß er zu jener Mehrheit gehört, die, immer nur an ihre äußere Haut denkend, von einer Lungendiätetik Nichts weiß. Um jedoch gerecht zu sein, schließe ich dies Capitel mit einer bei J. Ranke verzeichneten Betrachtung: „Die Hartnäckigkeit, mit der sich das Publicum der Ventilation widersetzt, wird verständlicher, wenn wir sehen, daß so mancher Arzt, der sich ein richtiges Verständniß der Frage hätte verschaffen können, noch vollkommen falsche Anschauungen darüber hegt. Die Furcht des Publicums vor frischer Luft ist ihm seiner Zeit von ärztlicher Seite beigebracht worden und lange dauert's bis neue ärztliche Ansichten bei ihm eindringen. Man folgt mit halber Aufmerksamkeit den wissenschaftlichen Auseinandersetzungen, verspricht Abhülfe, zuckt aber hinter dem Rücken die Achsel über den modernen Neuerer und läßt's bei der hergebrachten Unreinlichkeit. — Was hilft da in manchen Fällen weiter als das Fenster geradezu einzuschlagen!" — (Weiteres Cap. 16, Anhang.)

Sechzehntes Capitel.

Heizung.

„Wohlthätig ist des Feuers Macht,
Wenn es der Mensch behüt', bewacht."
Schiller's Glocke.

In öffentlichen Bauten tritt immer mehr an Stelle der Einzelheizung mit dem Stubenofen die, meist mit künstlicher Ventilation verbundene, von einem Mittelpunkt ausgehende, der Heizung unseres Körpers ähnliche (vgl. B. I, Cap. 11) Collektiv- oder Centralheizung. Je nachdem dieselbe mit warmer Luft oder heißem Wasser arbeitet, heißt sie Luft- oder Wasserheizung.

Erstere, von einem gemeinsamen „Calorifére" ausgehend bietet bei nicht übermäßigen Mehrkosten den Vorzug, daß sie, auch Hausflur, Aufgang und Corridore erwärmend, den mit Oeffnung der Thüren verbundenen Zug fern hält. Doch hört man darüber klagen, daß sie viel Staub hereinführe und, wenn nicht von intelligenter Hand geleitet, die Wärme schwer dem jedesmaligen Bedürfnisse anpasse, bald unangenehme Hitze, bald zu niedrige Temperatur verbreite. Außerdem kann die mit ihr verbundene Luftbewegung austrocknend auf Haut und Lungen wirken.

Die Heißwasserheizung, wegen ihrer Kostspieligkeit wohl niemals allgemein durchführbar, bietet vorerst den großen Vortheil, daß sie keine Staubbildung erzeugt. Als Nachtheile hört man bezeichnen, daß sie bei strenger Kälte nicht ausreiche, wenigstens nicht in allen Etagen, wie mir denn Bauten bekannt sind, in denen die Insassen des ersten

Stockwerkes die Fenster nicht öffnen dürfen, wenn's die des zweiten warm haben sollen. In anderen sahen sich die Besitzer veranlaßt, nachträglich gewöhnliche Oefen setzen zu lassen. Mögen diese Unzulänglichkeiten nur aus vorläufiger Unvollkommenheit der Technik zu erklären sein, so bleibt im Princip bei der Wasserheizung hervorzuheben, daß bei ihr die Ventilation durch den einfachen Ofen (Cap. 12) wegfällt.

Für den bürgerlichen Haushalt bleibt das Gesündeste die Einzelheizung durch den von drinnen zu beschickenden Ofen, dessen mannigfaltige Formen sich nach dem Material, aus dem sie wesentlich bestehen, in zwei Hauptklassen unterscheiden lassen: den Kachel- und den eisernen Ofen.

Der Kachelofen stellt in seiner vollkommensten Form, dem Mantelofen, ein Wärmemagazin dar, welches von einem eisernen Kasten mit Wärme gespeist, sie in sich aufspeichert und nur nach und nach, daher in nicht empfindlichem (sprühendem) Grade in den Raum ausstrahlt.

Sein Gegenstück ist der eiserne Ofen. Da Thon 2½ mal schlechter leitet als Eisen, so erwärmt sich der Kachelofen nur langsam, auch verzehrt er verhältnißmäßig viel Brennmaterial, das überdies zum bloßen Heizzweck verwerthet werden muß. Diesen drei Uebelständen nun hat die jetzt in alle Zweige siegreich vordringende Eisenindustrie durch Herstellung eines Ofens abgeholfen, welcher sich und damit das Zimmer in wenig Minuten erwärmt, verhältnißmäßig wenig Material braucht und dieses noch zum Kochen u. dgl. zu verwerthen gestattet: den einfachen eisernen Ofen, welcher überdies billiger ist und weniger Platz einnimmt als der Mantelofen — in der That lauter

„Opportunitäten", die sich bestens hören ließen, wenn, wie der Leser schon aus Cap. 11 entnehmen konnte, keine hygienischen Bedenken geltend zu machen wären.

Bevor wir in eine nähere Untersuchung der beiden Gegensätze eingehen, erscheint es zweckmäßig, uns zunächst über das Heizwesen im Allgemeinen eine Ansicht zu bilden.

Zweck desselben ist, in der kalten Jahreszeit die Binnenluft auf einen der warmen Jahreszeit entsprechenden Temperaturgrad zu bringen. Indem ich den Leser bitte, sich der in Buch II, Abschn. 2 getroffenen Unterscheidung der „Strahlung" und „Leitung" zu erinnern, glaube ich verstanden zu werden, wenn ich ohne Weiteres feststelle, daß es sich dabei um Verminderung unserer Abkühlung durch Leitung handelt. In der Praxis freilich sieht man Erwärmungsmethoden, welche diesem Gesetze nicht entsprechen. Wenn wir z. B. die kalten Hände an den Ofen halten oder uns mit dem Rücken dagegen lehnen, so erwärmen wir diese Theile durch Strahlung, die zwar für den Augenblick recht angenehm empfunden wird, die aber nachher, da sie einseitig geschieht, auf die Capillarfederkraft ebenso nachtheilig wirken kann wie Zugluft durch einseitige Abkühlung (vgl. Cap. 13). Bekommt man hier Rheumatismus, so kann man sich dort Frostschaden zuziehen. Mag es immerhin Keinem verwehrt bleiben, sich mal, wie „der redliche Tann" im Voßischen Gedichte „auf die Postille gebückt zur Seite des wärmenden Ofen", anstrahlen zu lassen, so muß doch diese Methode im Princip als nur ausnahmsweise und nur am mäßig strahlenden Ofen zulässig hingestellt werden. Sprühhitze dagegen, wie sie die glühend gewordene Platte verbreitet, ist noch vorsichtiger zu meiden als Zugluft. Für gewöhnlich haben wir uns an die Erwärmung durch Leitung zu halten und dieser Anforderung kommt der (richtig beschaffene) Ofen in folgender, aus den Ausführungen des vorigen Capitels schon verständlicher, durch Fig. 24 noch veranschaulichter Weise nach.

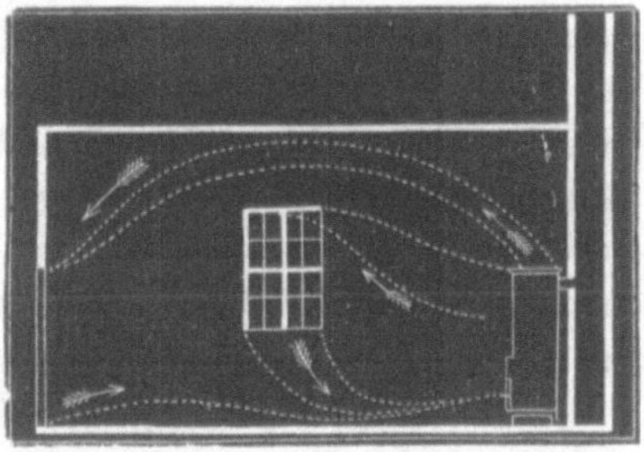

Fig. 25. Die Bewegung der erwärmten Zimmerluft.

Die den Ofen umgebenden, nach und nach erwärmten Luftschichten gerathen in jene vom Druck der am Boden lagernden kalten veranlaßte Bewegung: sie steigen in die Höhe, um sich an der Decke in der Richtung nach der, dem Ofen gegenüberliegenden Fensterseite zu begeben und hier wieder herabzufallen. Aus dieser Luftbewegung erklärt sich's, daß es an der Decke stets wärmer ist als unten, daß die über uns Wohnenden von unserer Heizung verhältnißmäßig mehr profitiren, indem wir ihnen die Füße durch die Decke hindurch wärmen, daß Gerüche, die vom Ofen ausgehen, am Fenster eher als in der Mitte gerochen werden und daß die Scheiben, wenn über Nacht angefroren, bald nach dem Einheizen (durch die herabfallende warme Luft) aufthauen. Je öfter sich dieser Kreislauf entsprechend der Heizkraft des Ofens wiederholt, um so reichlicher füllt sich der ganze Raum allmählig mit warmer Luft.

Sehen wir nun nach, wie die beiden Arten von Oefen diese Aufgabe erfüllen, so thut es der Mantelofen aus Kacheln deshalb am besten, weil er bei der Nachhaltigkeit seines nach einmaliger Feuerung aufgespeicherten Vorrathes der Abkühlung durch die ihn umspülenden Luftschichten sehr lange gewachsen bleibt und uns der staubaufwirbelnden Weiterbeschickung überhebt. Der eiserne Ofen dagegen, zumal wenn er, wie so oft, zu klein ist, genügt dieser Aufgabe nur, wenn er laufend beschickt wird und kommt, wo dies nicht mit äußerster Behutsamkeit geschieht, in's Erglühen, belästigt uns dann also mit Strahlwärme. Dazu gesellt sich allmählig in Folge der fortgesetzten Ueberheizung Schadhaftigkeit der Platten, bestehend in Rissen, Sprüngen, welche Rauch und giftige Verbrennungsgase entweichen lassen. So ist's zu verstehen, wenn Sonderegger jene elendeste Form, mit der sich die niederen Stände herumplagen, den „Canonenofen", den bösen Freund der armen Leute nennt.

Nach Alledem muß ich für Familienräume den Mantelofen als den allein gesunden bezeichnen. In der Stube des Mannes oder überhaupt des Einzelwohnenden und in unregelmäßigen Zeiten rasche Erwärmung Suchenden lasse ich den eisernen gern zu, vorausgesetzt, daß er starkwandig und im Beschickungsraume ausgekachelt ist, wo dann die Kacheln das Eisen vor dem Erglühen und Zerspringen bewahren. Diese Form nennt man im Gegensatz zum einfach eisernen den Regulirofen. Daß aber auch er, wenn überheizt die Luft weniger erwärmt als kocht, lehrt die allgemeine Klage über „Trockenheit", welche man vergeblich bemüht ist, durch Aufstellung eines Wasserbeckens, das hier gar nichts thun kann, auszugleichen.

Ein Mittelding, der Ofen mit eisernem Herde und thönernem Aufsatze, von der Hausfrau geschätzt, weil er gewöhnlich auch zum Kochen eingerichtet ist, steht, genau besehen, nicht weit über dem einfachen eisernen Ofen, denn er heizt hauptsächlich durch diesen Theil, während der thönerne mehr nur wie zum Staate darüber schwebt. Vom technischen Standpunkte betrachtet, müßte diese Verbindung vielmehr so getroffen sein, daß der untere Theil thönern, der obere eisern wäre.

Immerhin soll zugestanden werden, daß sich mit allen, nun einmal gebräuchlichen Oefen — mit Ausnahme des einfach eisernen Ofens — auskommen läßt; wenn man sie nur richtig und nach der Witterung weise lavirend behandelt. Einen großen Theil der durch die Heizung angerichteteten Schäden kommt nemlich auf Rechnung des Umstandes, daß das Werk der Beschickung unkundigen Händen anvertraut bleibt, welche, es handwerksmäßig betreibend, damit so rasch wie möglich fertig zu werden trachten. Der hygieinisch bedachte Familienvorstand dagegen wird einsehen, daß eine so wichtige Angelegenheit wie die künstliche Regelung des Binnenklima's während einer ganzen Jahreszeit nicht dem gedankenlosen, auf Bequemlichkeit gerichteten Sinne eines Dienstboten überlassen bleiben darf.

Von diesem Standpunkte nun gilt es, sich vorerst im Allgemeinen klar zu machen, daß die Nothwendigkeit der

Heizung, und sei's nur mit Rücksicht auf die damit unterhaltene Staubquelle, einen Nothstand bezeichnet, den man sich bestreben muß, auf eine möglichst niedrige Stufe des Bedürfnisses herabzudrücken. Daher ist die Frage, ob man mit Einheizen beginnen solle, als eine förmliche „Hausaktion" zu erwägen, nicht aber nach der augenblicklichen Gefühlslaune dieser oder jener verweichlichten Muhme zu beantworten. Wer dieses Büchlein im Zusammenhange zu lesen und seinen Inhalt in die Praxis zu übertragen nicht verschmähte, wird sich aus Buch I erinnern, daß uns vor der passiven Erwärmungsmethode erst eine aktive zu Gebote steht, daß vor Beschickung des todten Ofen darauf zu denken ist, ob nicht vorläufig noch mit dem lebenden, nemlich mit unserem Körper auszukommen sei. Macht sich also das Hereinbrechen der kälteren Jahreszeit bemerklich, so steuern wir dem Frostgefühl zunächst durch Anlegen wärmerer d. h. die von uns ausstrahlende Wärme mehr zusammenhaltende Kleidung (vgl. Buch II, Cap. 2). Sodann suchen wir die Heizkraft unseres Körpers zu steigern durch entsprechende Kost und stärkere Bewegung — die Capillarfederkraft zu stählen durch fleißiges Baden und Abreiben. Bei solcher Praxis der passiven Heizung werden wir bis in den November der aktiven bestens entrathen können und hygieinisch gezogenen Kindern wird es selbst da noch in der geheizten Stube zu warm vorkommen.

Engländer und Franzosen sind uns für den Fall der Uebergangsjahreszeit, in der das Bedürfniß nach leichter, vorübergehender Erwärmung auftaucht, mit ihrer Caminfeuerung voraus, welche gleichzeitig, wie schon bemerkt, lebhafte Ventilation unterhält, aber, obwohl dies System in besseren Neubauten bei uns eingeführt zu werden beginnt, so scheint doch der Geschmack dafür nur langsam zu erwachen. Man hat auch schon Camin- und Ofenfeuerung in einem Stücke vereinigt.

Müssen wir nun endlich in den sauren Apfel beißen und an regelmäßige Heizung unserer mehr oder weniger unvollkommenen Oefen gehen, so heißt es vorerst sich über den Grad der herzustellenden Temperatur ein Gesetz machen und diesen normire ich auf 13 bis höchstens 15° R. Maaßgebend für den Grad der Beschickung bleibt der äußere Temperaturstand, welcher je nachdem stärker oder schwächer abkühlend wirkt. Windiges Wetter wirkt auch bei mäßigem Thermometerstande abkühlender als windstilles. Im Uebrigen hat man sich aus Erfahrung mit der Heizkraft seines Ofens vertraut zu machen und danach die Quantität des Brennmaterials zu bestimmen. Von der Qualität ist bekannt, daß Holz, Braunkohlen, Steinkohlen, Coaks in aufsteigender Linie stärker heizen, Briquettes oder Preßkohlensteine mit der Braunkohle so ziemlich auf einer Stufe stehen, nur daß sie mehr Asche liefern. Nach Maaßgabe der äußeren Kälte wird man also unter den drei letzteren wählen, während das erste vom Städter seines hohen Preises wegen gewöhnlich nur zur Vorfeuerung benutzt wird. Auch bei vorsichtigem Vorgehen müssen wir die Strahlwärme nicht blos von den Möbeln, sondern auch von uns selbst durch den Ofenschirm abhalten. Wer, wie manche Kinder in der Schule, dazu verurtheilt ist, dem frischgeheizten Ofen nahe zu sitzen, bekommt sehr bald in Folge einseitiger Anstrahlung heißen Kopf und kalte Füße.

Doch auch da, wo man sich auf Erwärmung durch Leitung beschränkt, droht von Ueberheizung solche ungleiche Wärmevertheilung, was einerseits in der Natur der Heizungsanlage, andererseits in der Wärmeöconomie des Körpers selbst begründet ist.

Um zunächst diese letztere zu betrachten, so erinnert sich der Leser aus Buch I, Cap. 17 der von Haus aus stiefmütterlichen Wärmezufuhr, mit der unser Untergestell bedacht ist, während dem Kopfe der Löwenantheil gewahrt bleibt, ein Uebelstand, der nur durch Körperbewegung auszugleichen ist (Buch I, Cap. 18). Sitzen wir aber anhaltend, so braucht's noch gar nicht besonders kalt zu sein und wir bekommen kalte Füße, zumal wir selbst aus Rücksicht auf Mode nur wenig zu ihrer Warmhaltung thun (vgl. Buch II, Cap. 4). Andererseits ist es eine alltägliche Erfahrung, die man z. B. am Marktweibe mit dem Kohlenbecken zu Füßen bestätigt findet, daß warmer Fuß den ganzen Körper warm hält. In dem Maaße aber als wir das Untergestell vernachlässigen, den Oberkörper bevorzugen, friert jenes und erhitzt sich dieser, das Blut nach dem Kopfe treibend.

Unsere Ofenheizung nun thut das Ihrige dabei, indem sie, wie schon ausgeführt, die unteren, also unsere Füße umgebenden Luftschichten kalt läßt, die oberen, wenn auf die Spitze getrieben, erhitzt. Ich kenne niedrige Wohnungen, durch Eisenplatten mit Steinkohlenfeuerung geheizt, in denen große Staturen, wenn aufrecht stehend, deutlich eine obere heiße und eine untere kühle Luftschicht wahrnehmen. Wer über einem ebenfalls geheizten Zimmer wohnt, behält viel länger warme Füße als der im Parterre oder über dem Hausflur Wohnende (vgl. oben S. 238). Die alten Römer waren mit diesem Punkte vertraut, denn sie hatten nach Vitruvius' Zeugniß Caloriferen, die ihre Wärme durch Oeffnungen des Fußbodens in's Zimmer strahlten, die sogenannte hypocausis. Uns bleibt vorläufig Nichts übrig, als zunächst unser Pedal durch Fußdecken und warmes Schuhwerk (Filz), das in allen Büreau's und ähnlichen von Menschen, Oefen und Gas überheizten Localen „Mode" werden sollte, zu schützen und die Feuerung sorgfältig zu überwachen.

Nächst der Qualität des Heizstoffes ist zur Verhütung der Ueberheizung das Augenmerk auf die Schichtung zu richten, welche in eine hohe und niedrige unterschieden wird. Erstere ist bei den von oben nach unten brennenden Füllöfen allerdings Vorschrift. Letztere ist bei den gewöhnlichen Oefen, besonders wenn Steinkohlen genommen werden, angezeigt. Erst wird mit Holz Feuer angemacht und dann nach und nach Kohle nachgeschüttet. Da dies umständlich ist und, wenn nicht öfter nachgesehen wird, das Feuer leicht wieder ausgeht, so macht's der Dienstbote mit einem Male ab, thürmt auf das Holz die Kohlen bis oben hinan und die Folge dieser hohen Schichtung ist alsbaldiges Erglühen der Platte. Wurde außerdem versäumt, den Ofen vorher gut abzuwischen (vgl. Cap. 3), so verbrennt der Staub auf der glühenden Fläche zu Kohlenoxyd.

Als falsche Sparsamkeit wiederum ist die Praxis zu rügen, welche durch theilweises Schließen der Thüre die Verzehrung des Brennstoffes zu verzögern trachtet. Thatsächlich wird damit unvollkommene Verbrennung aber keine

Ersparniß erzielt, denn jeder richtige Ofen läßt durch seine Oeffnungen gerade so viel Luft herein als zur vollen Verbrennung seines Inhaltes nothwendig ist.

Die bessern Oefen sind mit einer luftdicht schließenden Thüre versehen, eine Einrichtung, welche an Stelle der früheren, jenseits der Esse angebrachten, daher bei vorzeitigem Verschluß Kohlenoxyd zurücktreibenden Ofenklappe getreten ist. Doch auch hier muß der richtige Zeitpunkt, nemlich der des völligen Verglimmens, abgewartet werden, da sonst der mangelhafte Luftzug Spannung der Verbrennungsgase im Ofen und Austreten derselben aus den Fugen zur Folge haben kann. Dies vorausgesetzt, so erhöht der Verschluß die Nachhaltigkeit der Heizung, indem er verhindert, daß die durchstreifende Luft die Wärme zum Schornsteine hinaus entführt.

Wie das Publicum in allem häuslichen Brauche conservativ gesinnt ist, so wird es sich auch in der Heizpraxis nur schwer mit neuen Formen befreunden und ehe hygieinische Bildung nicht in Mark und Bein gedrungen ist, wird es die unzeitigen Sparsamkeitsrücksichten selbst in solchen Lebensfragen nicht ablegen. Ein Pfeilerspiegel kann nicht kostbar genug, aber ein Ofen muß billig sein und sich durch Kochgelegenheit noch billiger machen! — Doch vielleicht finden sich schon jetzt einzelne Einsichtige, welche sich mit den Vervollkommnungen befreunden, die an erster Stelle nicht industriell speculirende, sondern auf hygeinische Verbesserung Bedachte genommen haben. Dahin gehört einerseits der Mantelofen aus Kacheln von C. L. Staebe zu Aschersleben, der gleichzeitig durch einen in Neubauten ohne besondere Kosten anzubringenden Luftcanal voll und dabei ohne „Zug" ventilirt — andererseits der eiserne, mit Coaks zu heizende Ventilationsofen von dem schon genannten Dr. Wolpert zu Kaiserslautern. —

Daß mit der Ofenheizung das Capitel von der Binnenlufterwärmung noch nicht abgeschlossen ist, sieht der hygieinisch Gebildete rasch ein; schon wer nur dieses Buch gelesen, erinnert sich, daß in menschlichen Wohnräumen noch zwei Heizquellen wider Willen thätig sind, nemlich die Insassen selbst, die ja außer Athem und Ausdünstung noch so viel Wärme von sich geben, daß wir sie früher als Oefen im eigentlichen Sinne des Wortes auffassen lernten und dann die Gasbeleuchtung (vgl. Cap. 11). Was letztere betrifft, so habe ich gefunden, daß in einem ziemlich geräumigen Zimmer, wenn es seit Morgens nicht wieder geheizt war, während draußen mäßige Kälte herrschte, zwei Flammen binnen einer Stunde das Thermometer um 2 Grad steigen machten. Nun denke man sich erst einen von Menschen angefüllten, von einem Dutzend von Gasflammen und überdies von einem Ofen geheizten Gesellschaftsraum!

Wo immer durch absichtliche oder unabsichtliche Heizung ein Uebriges geleistet wurde, muß Ventilation ausgleichend hinzutreten; doch auch schon beim ersten Heizen ist die durch die Feuerung eingeleitete Temperaturdifferenz zur Durchlüftung der Zimmer zu benutzen, was zugleich den Vortheil bietet, daß das Feuer von der zuströmenden frischen (sauerstoffhaltigen) Luft rascher, wie von einem Blasebalge, in Gang kommt. Schwer freilich geht's dem Philister, bei dem Einheizen und Fensterschluß wie B auf A folgen, ein, daß man bei mäßiger Außenkälte, heizen und ventiliren zugleich kann. Eine Probe aber wird ihn überzeugen, daß auf diese Weise eine Art Frühlingstemperatur erzeugt wird, welche besonders Genesenden trefflich bekommt.

Doch auch — und das wird meinen luftscheu voreingenommenen Leser wieder versöhnen — als Hülfsmittel der positiven Erwärmung und dadurch mittelbar als Gegengewicht gegen das Bedürfniß nach Ueberheizung ist das Fenster zu schätzen, nemlich in der Gestalt des Doppelfensters, welches in keiner ordentlichen Wohnung fehlen sollte. Gewöhnlich denkt man, dieses sei dazu da, um den durch die Ritzen fühlbaren Zug abzuhalten. In Wirklichkeit aber soll es die abkühlende Wirkung der einfachen Glasscheibe aufheben, welche ja, wie schon vorhin gezeigt wurde, die Heizwärme so massenhaft verzehrt, daß man sich genöthigt sieht, immer wieder nachzulegen. In der That dürften sich die Unkosten des Doppelfensters — das sich übrigens in den neuen Leipziger Wohnungen überall von selbst versteht — durch Ersparniß an Feuerung binnen zwei Wintern wieder einbringen. Hält diese Anlage zur Winterzeit die Wohnung warm, so hält sie sie zur Sommerszeit im Gegentheil kühl, schützt beiläufig auch gegen Eindringen von Staubmassen, Getöse u. dgl. Ferner gestattet es zugfreie Lüftung, wenn drinnen die oberen, draußen die unteren Flügel offen gehalten werden. Scheint dagegen im Winter die Sonne in's Zimmer, so muß man die inneren Flügel öffnen, um von der diathermanen d. h. Wärme durchlassenden Eigenschaft der einfachen Scheibe zu profitiren. Die Hauskatze weiß sich unter solchen Verhältnissen kein wärmeres Plätzchen als das Diesseits der Fensternische.

Nach Alledem dürfte klar sein, daß Heizung eine recht zusammengesetzte und deshalb der stetigen Ueberwachung eines denkenden Familienhauptes bedürftige Praxis darstellt. Wer sich auf Grund der hier entworfenen Vorschriften in sie hineinzuarbeiten nicht verschmäht, wird sehr bald auch die innige Verbindung mit der Ventilation erkennen und aus beiden reichen hygieinischen Segen für sich und die Seinen schöpfen.

Anhang.

Ventilation und Heizung der Eisenbahnwagen.

In diesem Zeitalter des Reisefiebers erkennt die Hygieine im Coupé einen Binnenraum, der für Jeden auf kürzere oder längere Zeit eine Art Wohnstätte abgibt. Ein nicht unbedeutender Bruchtheil der bürgerlichen Gesellschaft, die uns Alle ihrer gemeinnützigen Thätigkeit halber interessirenden Postbeamten, verbringt sogar Tag und Nacht im fahrenden Gehäuse und wenn's zwar ursprünglich eine öffentliche Anstalt, so gibt uns unsere Betheiligung doch das Recht, über die Einrichtungen derselben ein entscheidendes Wort mitzureden, um so mehr, als vom conservativen, sparsamen Sinne der Direktionen hygieinische Verbesserungen am Letzten zu erwarten stehen.

An erster Stelle freilich können wir nicht umhin, dem Publikum eine Strafpredigt zu halten ob der auch auf die Reise mitgenommenen Luftscheu, welche, wenn irgendwo, sich hier in ganzer — ich möchte sagen — Schamlosigkeit zu erkennen gibt und von dem Einsichtigen sich nur nach dem am Schlusse von Cap. 15 verzeichneten Recepte beantworten läßt. Kaum ist man in das vielleicht noch von

Sonnengluth durchheizte Coupé eingestiegen, so greift man auch schon nach dem Fensterzuge, um ihn zu schließen; setzt sich der Zug bei offenem Fenster in Bewegung, so ertönt alsbald die Klage, daß es „zieht" und der gebieterische Wunsch nach Abschluß! Im Herbste sieht man 8 und mehr von einer Fußtour her stark dünstende, wohl auch bierbeladene Personen sich, wie Heringe in einer Tonne, in das Coupé abschließen und die frische Abendluft wie ein Gespenst meiden! — Der Schaffner müßte angewiesen sein, ein Fenster gewaltsam offen zu halten, um Luftverderbniß und Erkrankung abzuwehren (vgl. auch Buch I, S. 24) oder so, wie jetzt die Sachen stehen, Luftfreunden ein besonderes Coupé anzuweisen.

In warmer Jahreszeit halte ich halben Fensterschluß nur in dem Falle für berechtigt, wo man in der Richtung des Zuges unmittelbar an der Thüre zu sitzen kommt, wo's dann aber nicht sowohl dem „Zuge" als solchen, sondern dem durch ihn hereingewehten Staube und Rauche der Locomotive gilt, daher empfindliche Personen am Besten thun, sich bei Zeiten einen nach rückwärts sehenden Platz zu sichern. Bei starkem Winde zieht's oft den am andern Ende und geschlossenem Fenster mehr als den diesseits am offenen Sitzenden, weil nemlich der Luftstrom vom Coupé wie von einem Windfange eingesogen, am stärksten gegen die geschlossene Scheibe (wie gegen eine Straßenwand, vgl. S. 176) anschlägt. Für diesen Fall führen einige Reglements den lobenswerthen Paragraphen, daß „in streitigen Fällen das Fenster nach der Windseite geschlossen werden müsse". Nur habe ich gefunden, daß mancher als Schiedsrichter angerufene Schaffner oder Zugführer, sei's aus

Parteilichkeit, sei's aus Unkenntniß die „Windseite" auf die windfreie zu verlegen beliebt! —

In der kalten Jahreszeit genügte nach den Regeln der absichtlichen Ventilation (Cap. 15) Offenhaltung der über den Fenstern angebrachten Schieber, vorausgesetzt, daß das Coupé nur von einem oder wenigen Fahrgästen eingenommen wird. Sind dagegen alle Plätze besetzt, so bleibt theilweise Lüftung des der Windseite entgegengesetzten Fensters unabweislich und sei's nur mit Rücksicht auf den Tabaksqualm. Das geschlossene Coupé müßte mindestens durch einen Wolpert'schen Luftsauger ventilirt werden (vgl. Cap. 15).

Als großer Fortschritt ist die Heizung der Eisenbahnwagen zu begrüßen, wenn zwar leider die ursprünglich in Anwendung gezogene Methode der Ofenheizung als hygieinischer Fehlgriff bezeichnet werden muß, eine Frage, über welche ihm eine wissenschaftlich begründete Untersuchung öffentlich vorzulegen, der auf hygieinische Verbesserung des Eisenbahnwesens warm bedachte preußische Handelsminister Dr. Achenbach mir gestattete („Ueber Theorie und Praxis von Ventilation und Heizung im Allgemeinen sowie über Heizung und Lüftung der Eisenbahnwagen und Wartesäle im Besonderen" s. m. „medicinischen Abhandlungen" Bd. III, Stuttgart, 1875). Hier werde ich mich auf Grund von Cap. 16 rasch verständigen.

In keinem Binnenraume äußert sich die S. 242 erörterte Schattenseite der Einzelheizung lauter als in dem vom freien Luftmeere umflossenen durchlässigen Coupé. In einem so geheizten Wagen der fahrenden Post ergab bei + 5° R Außentemperatur das Thermometer am Fußboden 10°, an der Decke 33° R und das Hygrometer (vgl. Cap. 18) den höchsten Grad der Trockenheit! Nun denke man sich einen Postbeamten in leichtem Schuhwerk mehrmals die Woche in solchem Giftkasten von Leipzig bis Oebisfelde oder von Berlin bis Minden deportirt und dabei angestrengt arbeitend —! Der Ausdruck „fahrlässige Körperbeschädigung" entspricht just dem Thatbestande und die Folgen bestätigen ihn.

Im Passagierwagen kommt es zwar gewöhnlich nicht zu so erheblicher Steigerung, aber die in der Nähe des Ofens Sitzenden bekommen doch sehr bald heißen Kopf und kalte Füße, auch ist schon Kohlenoxydvergiftung einer ganzen Insassenschaft (z. B. kürzlich auf der Thüringer Bahn) beobachtet worden, hauptsächlich dann, wenn der Kanonenofen (wie sich der Leser erinnert, die bedenklichste Form der eisernen Gattung) von Staub bedeckt und luftscheue Passagiere durch Fensterschluß auf „Zusammenhalten" der Wärme Bedacht nehmen. Doch tyrannisiren uns auch die Schaffner von Amtswegen mit dieser Muhmenpraxis, wenn wir uns nicht energisch zur Wehr setzen. So lange wir genöthigt sind, uns diesen gemeingefährlichen Fahrgast gefallen zu lassen, so lange bleibt es Pflicht, uns einmal möglichst weit von ihm wegzusetzen und dann durch's offene Fenster den Schutzengel der frischen Luft herbeizurufen.

Glücklicher Weise spukt dieser Unhold nicht auf allen Bahnen, denn unter anderen führen die Berlin-Potsdam-Magdeburger und die bayrischen Staatsbahnen Heizeinrichtungen nach dem, wie aus Cap. 16 ersichtlich, hygieinischem Princip der hypocausis (vgl. S. 243), welches sich hier mit dem anderen der Ventilation bestens verträgt.

Unserem Bedürfnisse entspricht es um so mehr, als wir, reisend, uns ja von vornherein am Oberkörper so warm kleiden, daß wir frische Luft athmen können, ohne uns zu erkälten. Zu rügen bleibt nur die Unsitte, welche, schon daheim den übermäßig warmen Reiseanzug (Pelz) anlegend, die letzten Minuten abwartet, um nach dem entfernten Bahnhof zu stürzen und in Schweiß gebadet anzukommen. Mit dem nassen Umschlag zur Unzeit am Leibe frösteln wir natürlich noch ehe es wirklich „zieht" und statt das Fenster zu schließen, thäten wir besser, die Leibwäsche zu wechseln. Ueberhaupt hängt die Unsicherheit unserer Wärmeregelung (Buch I, Cap. 17) vulgo „Erkältung" auf Reisen mit der üblichen Völlerei vor dem Abschiede und dem gedankenlosen Biertrinken unterwegs zusammen, welche beide sich nur der ohne Schaden erlauben darf, welcher nicht stillesitzend, sondern per pedes Apostolorum zu reisen unternimmt, denn nach Buch I, Cap. 15 leuchtet dem aufmerksamen Leser ein, daß man sich vor Uebergang in den unbeweglichen Zustand einer vielstündigen Coupésitzung nicht überheizen darf.

Im Uebrigen thut der Eisenbahnwagen seine Schuldigkeit, wenn er für Erwärmung des Pedals sorgt (vgl. S. 242) durch Wärmflaschen mit heißem Sande), welche der Passagier auch selbst mitbringen könnte, oder noch besser durch die auf bayrischen Bahnen schon eingeführte Heißwasserheizung von unten her, wie ich mich denn überzeugt habe, daß in so geheiztem Coupé, selbst wenn oben gelüftet wird, die Luft zu Füßen durchschnittlich 3° mehr Wärme zeigt, als die zu Häupten der Passagiere.

Auf diese Einrichtung, die Heizung der Coupés von

unten her, zu dringen, bleibt Pflicht des reisenden wie überhaupt des hygieinisch strebsamen Publikums! —

Siebzehntes Capitel.

Desinfektion und Canalisation.

„Die geduldige, schweigsame Mutter Erde —"
A. Geigel.

Die Praxis der Desinfektion d. h. die Zerstörung von Ansteckungsstoffen durch chemische Mittel, besonders Carbolsäure, ist an Orten, wo Cholera oder Typhus herrschten, fast jedem Kinde bekannt. In Magdeburg erzeugte verschwenderische Anwendung des letztgenannten Stoffes eine Nebenepidemie von Carbol-Vergiftung, ähnlich der durch Leuchtgas, aber mit Brechreiz verbunden, daher auf den ersten Blick Choleraanfall vortäuschend. Und doch blieb diese Anstrengung nur ein Schlag in's Wasser! Ich stelle den Ausdruck auch nur als einen geläufigen obenan, um im Uebrigen die Desinfektion gewissermaßen als eine Strafarbeit für rechtzeitig unterlassene Vorsichtsmaßregeln zu bezeichnen, die eben den Gegenstand der nunmehrigen Desinfektionsmühen von vornherein hätten fernhalten sollen. Mag immerhin bei erfolgtem Seucheausbruch die öffentliche Gesundheitspflege auf Unschädlichmachung der Abfälle in großem Maaßstabe hinarbeiten, die private hat an erster Stelle dafür zu sorgen, daß ihr kein „Düngerhaufen im Zimmer", um an ein Pettenkofer'sches Bild (vgl. S. 220) zu erinnern, erstehe und, wo's geschehen ist, ihn nicht blos zu desinfiziren, sondern wegzuschaffen. Als erste Desinfektionsmethode in diesem Sinne schildert Cap. 14 die negative absichtliche Ventilation; hier gesellen wir der Luft als Bundesgenossen das Wasser bei, und wenn wir dies Element bis jetzt (Cap. 3) erst als natürlichen Feind des gewöhnlichen Staubes schätzen lernten, so erkennen wir's hier als Feind des Pilzstaubes oder vielmehr der ihn erzeugenden organischen Zersetzungsprocesse (Cap. 4), und zwar in den besonderen Zuständen, wo es als Träger von Kälte oder Hitze tödtet, was es im feuchtwarmen erzeugen hilft.

Wie die Natur von Anbeginn an das gefrorene Wasser zur Verhütung von fauliger Zersetzung in größtem Maaßstabe benutzte, lehren die Ausgrabungen in kalten Ländern, welche die vor Jahrtausenden gefallene Thierwelt (Mammuth) mit Haut und Haaren unversehrt zu Tage fördern. Der Mensch beginnt erst jetzt den Werth des so „nahe liegenden Guten", des rohen Eises zu schätzen nach dem Vorgange der Amerikaner, welchen im Sommer Trinkwasser ohne Eiszusatz undenkbar ist (vgl. S. 84). Die Eisschrankindustrie setzt auch weniger Bemittelte in Stand, Speisen nicht nur genießbar, sondern fäulnißfrei zu erhalten und dadurch sowohl Schädigung des Verdauungsorganes als Verderbniß der Binnenluft zu verhüten. Neuerdings verspricht dieser herrliche Artikel frischgeschlachtete Thierleiber unverdorben in fernste Welttheile überzuführen, die Fülle amerikanischen Obstes dem obstarmen Mitteleuropa wie eben gepflückt zuzuführen u. s. w.

Heißes Wasser ist Desinfektionsmittel für organische Rohstoffe, welche, sich selbst überlassen, Pilzkeime und damit Ansteckungsstoffe erzeugen, und in erster Linie von den Ausscheidungen unseres Körpers, anfangend bei der unmerklichen Hautausdünstung (vgl. S. 25) und endend bei der Stuhlentleerung, geliefert werden. Unser „Waschen" im engeren Sinne ist daher eine landläufige Uebung der Desinfektion. Doch genügt's nicht, daß überhaupt dann und wann gewaschen wird, sondern es kommt auch drauf an, daß dies rechtzeitig und gründlicher geschehe, als ich's z. B. in der Kriegszeit sah, wo mein Lazareth die „gewaschene" Leibwäsche der gefangenen Franzosen mit wohlerhaltenem Ungeziefer vom ländlichen Trockenplatz zurückerhielt! „Rechtzeitig" will sagen, daß die schmutzige Wäsche nicht Tagelang auf einem Haufen beisammen liegen darf, welcher unter günstigen Umständen sich rasch zu einem Pilzneste entwickeln kann. Im Nothfalle muß sie ausgebreitet hängen, auch wenn's „nicht schön aussieht". Mit Verunreinigungen, vor denen uns ekelt, pflegt allerdings rasch aufgeräumt zu werden, aber mit den gewohnten Abfällen des Schweißes (Leibwäsche), Schleimes (Schnupftücher), des Kinderurins (Windeln) wird weit sorgloser verfahren. Leib- und Bettwäsche von Kranken und Wöchnerinnen zumal sollte stets sofort ausgebrüht, Strohsäcke von Grund aus erneut werden. Dem Schnellverfahren im größeren Maßstabe kommt die Dampfreinigung zu Hülfe, die ja in der Cholerazeit recht fleißig benutzt wurde.

Drittens kommt das Wasser in *fließender* Form als Desinfektionsmittel in Betracht, und gilt als solches der Entfernung des Unrathes, den man im engeren Sinne menschliche *Dejektionen* oder *Abfälle* nennt, den festen Stuhlgang („*Fäcalstoff*") und die flüssige Blasenentleerung. An sie schließen sich an die Abfälle der Küche, Werkstätten (besonders Fleischereien), der lebenden Hausthiere, der Mischmasch, den man in Bausch und Bogen „Spülwasser“ nennt. Von Alters her wird zwar mit diesen, Jedermann widerlichen Gegenständen methodisch vorgegangen, genau betrachtet aber werden sie mehr nur den Blicken entzogen als wirklich „bei Seite geschafft.“ Selbst die althergebrachte Bergung in Senkgruben durch das Senkloch (Abtritt, Abort) hat sich dem erwachenden Auge der Gesundheitspflege als Thatbestand dessen enthüllt, was wir in Cap. 14 bildlich hinstellten, nemlich als Düngerhaufen in der Wohnung — ich sage „in“, denn, wenn schon, wie wir aus Cap. 9 wissen, die Binnenluft auch ohne ausdrücklichen Verbindungsweg durch Bodenluft verunreinigt wird, so schafft das alte, in alle Stockwerke reichende Senkloch einen Zustand, den ein Schriftsteller über Typhus als „Wohnen über dem Abtritte“ kennzeichnet (vgl. auch S. 36). Da's jetzt zum Comfort, nach welchem Miethen wollende zuerst zu fragen pflegen, gehört, daß die „Gelegenheit“ sich „oben“ befindet, so beeilen sich die Wirthe alter Häuser, wo selbe sich blos auf dem Hofe befand, die Senklochverbindung (in Ermangelung einer Closetanlage) nachträglich herzustellen. Nur schwer macht sich der im guten Glauben an die Zweckmäßigkeit des Hergebrachten Befangene eine Vorstellung von der so begangenen hygieinischen Versündigung und die wenigsten der Erkrankungen, mit welchen sie sich straft, werden so richtig gedeutet oder erwogen, wie z. B. der schwere Fall des englischen Thronfolgers: als Gast in einem prächtigen Landschlosse nächtigend zog er sich von den in sein Gemach herausdringenden Dünsten einer Abtrittsröhre jenes Faulfieber zu, das ihn dem Rande des Grabes nahe brachte. Wie viele Opfer aber mögen unentdeckter Weise diesem unterirdischen Pesthauche schon erlegen sein in alten Stadtvierteln, deren Häuser auf einem ununterbrochenen Düngerhaufen wie auf einem unterirdischen Vulkane stehen!

Im tiefsten Dunkel hygieinischer Arglosigkeit befanden sich unsere Altvordern, als sie die Abfälle oberflächlich verscharrten oder in Gruben brachten, deren Mauerwerk die Verbindung mit der Nachbarschaft nicht im Geringsten aufhob. In Orten, wo Abtragungen alter Häuser und Ausschachtung des Grundes behufs Neubau vorgenommen wurde, z. B. in Danzig und Magdeburg fanden sich große Haufen solchen Unrathes einfach im Boden vergraben und in letzterer Stadt betrat ich z. B. an einer Bodenerhebung ein Erdgeschoß, in welcher die Jauche aus der höher gelegenen Senkgrube unmittelbar einfloß! „Thee unserer Ahnen“ nennt ein Schriftsteller das Wasser, welches wir aus Brunnen in solch' verpestetem Boden genießen und „die geduldige, schweigsame Erde“ heißt ein beredter, bayrischer Gesundheitslehrer, A. Geigel, den leidenden Theil dieser seit Jahrhunderten betriebenen, jetzt, wo die öffentliche Hygieine den Deckel zu lüften beginnt, „gen Himmel stinkenden“ Schmutzerei.

Die Berechnung der Massen, um die sich's handelt, wird dazu beitragen, dem erstaunt blickenden Neulinge die Sache zum Bewußtsein zu bringen: die festen Ausleerungen einer Person belaufen sich in unserer vielessenden — und trinkenden Zeit nach Geigel binnen 24 Stunden auf durchschnittlich 125, die flüssigen auf 1350, zusammen also auf 1500 Gramm. Das gibt bei einer Bevölkerung von 100,000 Seelen täglich 3000 und jährlich weit über eine Million Centner, eine Berechnung, in welcher die Abfälle der Thiere, des Haushaltes, der Küche, der Gewerbe und Fabriken noch gar nicht in Anschlag gebracht sind. Nach Ziureck producirt Berlin, zu 700,000 Einwohner veranschlagt, täglich in Pfunden folgende Massen: feste Excremente: 137,000, Urin: 1,370,000, Spülwasser: 8,400,000!

Nach dem Vorgange der Riesenstädte London und Paris, in welchen sich der Nothstand der seit Jahrhunderten gehäuften Bodenverpestung zuerst am Schreiendsten enthüllte und durchgreifende Ausspülung in kurzer Zeit die günstigsten Erfolge ergab, geht man jetzt auch bei uns überall daran, die Canalisation als eine Lebensfrage des Gemeinwesens zu behandeln. Erforderlich sind dazu zwei Anlagen, nemlich eine „Wasserkunst“, welche das Wasser mit Hülfe von Maschinen in beständigem Zufluß erhält und ein unterirdisches, seine Ausläufer zu den Stockwerken emporsendendes Cloakensystem, welches durch sein — an manchen Orten schwer herzustellendes — Gefälle den Abfluß befördert. Ob die so weggespülten Massen als bloßer Ballast dem allgemeinen Weltstrome zuzuführen oder zur „Berieselung“ und Urbarmachung entfernt gelegener Landstrecken zu verwerthen, diese noch vielberathene Frage fällt in's Bereich der öffentlichen Gesundheitspflege. Die private, welcher „das Hemde näher sitzt als der Rock“ interessirt sich zunächst nur für das „Hinweg um jeden Preis“! und schätzt nebstdem die Canalisation wegen einer besonderen Leistung, die sie im Hause vollbringt, nemlich des Abschlusses, den das vor die (übelriechende) Canalöffnung des „Closets" tretende Wasser zwischen der Binnenluft und der Cloake unterhält (Syphon-System).

Wenn zwar nicht verlangt werden kann, daß jede Stadt sich über Nacht mit Canalisation versehe, so dürfte doch die Belehrung des Volkes über die hygieinische Dringlichkeit die Ausführung dieser Neuerung wesentlich beschleunigen. Um aber auch diejenigen nicht rathlos zu lassen, welche noch genöthigt sind, Wohnungen mit Senkgruben zu beziehen, so seien sie zunächst gewarnt vor der stillschweigenden Annahme eines Senkloches und sei's auf die Gefahr, daß sie ihre Nothdurft im Aborte auf dem Hofe verrichten müssen. Wer sich da etwa mit einem Nachtstuhle behilft, sehe auf hermetischen Guttapercha-Verschluß und regelmäßige Ausleerung bei peinlichster Reinlichkeit, unterstützt durch sofortige chemische Desinfektion des eben Entleerten. Sodann möchten wir uns einmal Rechenschaft geben von der Harmlosigkeit, mit der wir in der Stille der Nacht den Pesthauch einschlürfen, welchen uns alle paar Wochen lärmende Rüpelhände in die Wohnung senden, und welche auf's Neue Zeugniß für die von mir schon öfter geführte Klage ablegt, daß unser Riechnerv nun einmal zum Duldner-Organ der „Civilisation" erkoren ist! Geruch- und geräuschlose Leerung der Senkgruben ist das Geringste, was wir als Entgelt für die Bewohnung eines nicht canalisirten Grundes verlangen können und daß diese ausführbar, lehrt das z. B. hier zu Leipzig täglich in sichtbarer und doch unmerklicher Thätigkeit begriffene Auspumpungssystem mit dem bezeichnenden Namen „Sanitas".

Was die richtige Anlage bei nicht vorhandener Canalisation betrifft, so muß die Abortgrube undurchlässig ausgemauert und nach oben nicht mit Brettern, sondern mit Erde abgeschlossen sein. Besser noch ist der in dieser Grube stehende, leicht entfernbare „Kothwagen", der die Abfuhr mit einem Schlage zu bewirken gestattet. Nach oben hin steht die Grube vermittelst einer Seitenöffnung mit einer zu den Stockwerken gehörenden Röhrenleitung in Verbindung, welche nach der einen Seite Ausläufer zu den Abortsitzen der einzelnen Wohnungen entsendet. Nach der anderen Seite steht sie durch je einen schräg und in einer dem Abortarme entgegengesetzten Richtung verlaufenden Arm mit einem durch's ganze Haus gehenden Luftschachte in Verbindung, welch' letzterer, neben den Feueranlagen der Küche verlaufend und daher erwärmte Luft führend, einen die Gase zum Dache hinausführenden Ventilationsstrom unterhält.

Doch auch unter solchen besseren Verhältnissen muß sich der hygieinisch bedachte Familienvater stets bewußt bleiben, daß er „über einem Vulcane" haust und auf stetige Desinfektion der Wohnräume durch frische Luft und spülendes Wasser halten. Um schließlich die hygieinische Bedeutung dieses letzteren Elementes zum schlagenden Ausdruck zu bringen, mache den Beschluß das Wort eines französischen Gewährsmannes: „Von Verschwendung des Wassers darf schon darum nie die Rede sein, weil es überhaupt nie genug davon geben kann."

Dritter Abschnitt.

Innere Einrichtung.

Achtzehntes Capitel.

Vertheilung und Ausstattung der Räume.

„On a toujours trop de meubles et rarement assez d'air.“

Fonssagrives.

So gerechtfertigt die Klagen über Nothstände in den modernen Miethswohnungen und so sehr wir von unserem Standpunkte daraus die Wurzel der ungesunden Verhältnisse ableiten, so wenig können wir andererseits den „Abmiethern“, wie's in hiesiger Contraktsprache heißt, den Vorwurf ersparen, daß sie durch unrichtige Vertheilung der Räume die ungesunden Verhältnisse wesentlich erhöhen. Geräth vorzüglich der Hygieiniker auch hier wieder mit Ueberlieferungen von langer Hand wie auch mit „rauhen Nothwendigkeiten“ in Widerstreit, so darf er doch nicht anstehen, seinen Lesern die Unnatur dieser Zustände zum Bewußtsein zu bringen und wenigstens den Trieb zur Verbesserung anzuregen. Soll zwar die Rücksicht auf's „Geschäft“ als berechtigt anerkannt bleiben, so dürfte doch der Rücksicht auf die bloße „Mode“ der Vorrang vor der auf das, was gesund ist, nicht einzuräumen sein und wenn nur dies erst zugestanden wird, werden sich unsere häuslichen Einrichtungen auch unter ungünstigen Verhältnissen um Vieles gesünder gestalten.

Der Erbfehler besteht darin, daß wir uns von vornherein in einer Weise einrichten, welche mehr auf den Verkehr mit den Leuten, auf die sogenannte Represention als auf unsere eigene Behaglichkeit Bedacht nimmt, wobei leider unser im Voraus erworbenes Mobiliar uns in dieser Richtung von vornherein Fesseln anlegt. Das Richtige wäre, erst die Wohnung sicher zu stellen und dann nach Maaßgabe des Raumes Füllung zu schaffen. Gestehe ich zwar zu, daß der Handeltreibende seinen Verkaufsstand in den vordersten, größten Raum verlegen muß, so erkenne ich doch für das Privatleben keinerlei Nöthigung, einer todten Möbelgarnitur den Löwenantheil zuzuerkennen, um sich, unter Verzichtleistung auf laufende Benutzung dieses Hauptraumes, mit den Seinen Jahraus Jahrein in enge einzupferchen. In der Heizperiode kommt noch der Umstand hinzu, daß die „gute Stube“ gewöhnlich den besten Ofen birgt, der nun auch der Familie laufend nicht zu Gute kommt. Nicht blos „kleine Leute“ sondern auch der größte Theil des Mittelstandes drückt sich, diesem Cultus der „guten Stube“ fröhnend, in „Stuben“ herum, die diese Bezeichnung oft nur dem Namen nach verdienen, wenn man den Ventilationsmaaßstab „60 Cubikfuß Luft pro Person und Stunde“ anlegt, nicht davon zu reden, daß darin gleichzeitig gekocht, nicht selten auch geplättet oder gar Wäsche getrocknet zu werden pflegt! —

Wie aber steht's nun erst mit den Räumen, in denen wir gut den dritten Theil des Jahres verbringen, mit den Schlafstuben (vergl. Buch I, Cap. 2)? Schwer fällt's da dem Hygieiniker, einen gerechten Zornesausbruch und Kraftausdrücke wie Cynismus, fahrlässige Selbsttödtung Kinderbeschädigung u. dgl. zurückzuhalten! — Ein Blick in jede beliebige, sogenannte anständige Mittelwohnung lehrt, daß für diesen lebenswichtigen Zweck die schlechtesten, engsten, oft fensterlosen „Piecen", wie's beschönigend heißt, oder gar das „schwarze Loch" (vgl. S. 65) eines Alcovens gewählt und derartig mit Schlafenden angefüllt werden, daß man das Maikäfervolk in der doch wenigstens mit Luftlöchern versehenen Schachtel des Knaben als besser untergebracht betrachten muß!

Von Rechtswegen soll bei Einrichtung der Wohnung zuerst das größte und hellste Zimmer für den nächtlichen Aufenthalt mit Beschlag belegt, darnach ein gehöriger Raum für den täglichen Aufenthalt der Familie ausgesucht und erst zuletzt die Frage nach einer sogenannten guten Stube erwogen werden, gleichgültig, was „die Leute dazu sagen", denen man's ja überhaupt doch niemals recht machen kann. —

Was den inneren Ausputz betrifft, so mag Jeder seinem Geschmack nach Belieben und Mitteln freien Lauf lassen und nur das Eine sei der Erwägung anheimgestellt, ob's nicht vorzuziehen, die für allerhand unnützen Tand ausgeworfenen Kosten für den Erwerb eines ordentlichen Ofens zusammenzulegen. Neben diesem dürfen dann auch Vorrichtungen zu genauer Controle der Heizung wie der Ventilation nicht fehlen, welche übrigens gleichzeitig

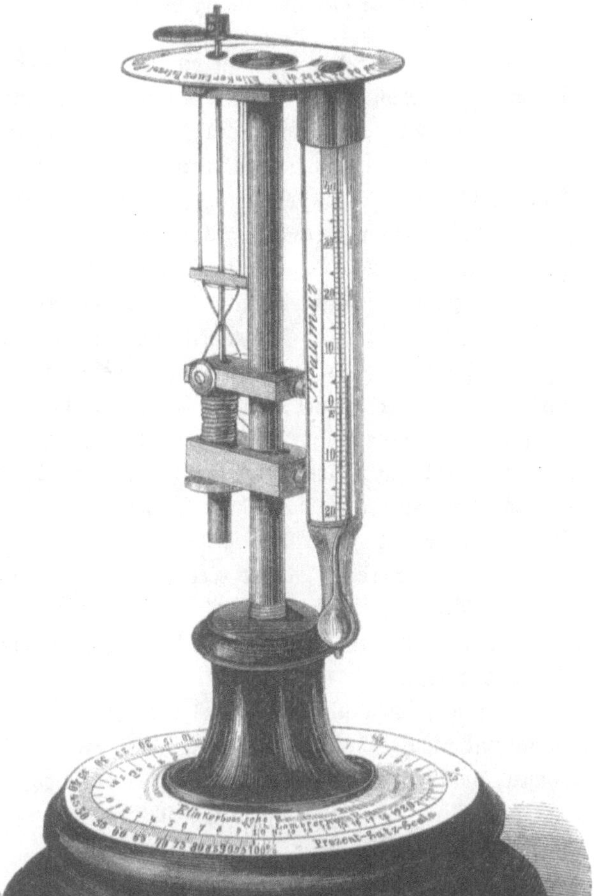

Fig. 26. Procenthygrometer.

„putzen" dürften. In der That ist ein Zimmer nicht eher vollständig eingerichtet zu nennen als bis es nicht nur am Fenster ein Barometer und draußen ein Thermometer, sondern letzteres auch drinnen hängen hat. Hauptsache bleibt natürlich, daß es auch täglich und während der Heizperiode stündlich betrachtet, Ventilation und Heizung danach geregelt wird. Da jedoch mit dem Grade, in welchem der Geist Beschäftigung findet, das Interesse rege bleibt, so nehme ich hier Gelegenheit, die Aufmerksamkeit auf ein Instrument zu lenken, welches soeben von dem namhaften Physiker Klinkerfues hergestellt, sowohl die äußeren als inneren Luftverhältnisse nicht blos nach ihrer Wärme, sondern auch nach ihrer Feuchtigkeit und Trockenheit, mittelbar also auch nach ihrer Verunreinigung durch Staub oder Rauch zu prüfen gestattet, das sogenannte Procenthygrometer, dessen Gebrauch aus einer jedem einzelnen Exemplare beigefügten Anweisung leicht zu erlernen ist (Fig. 26, zu beziehen vom Optiker Lambrecht zu Göttingen).

In dem Maaße als die Praxis sich von der Beschäftigung mit nichtigen „Nippes" ab- und der mit nützlichen Dingen, wie diese meteorologischen, zuwenden wird, wird auch der Sinn für hygieinische Einrichtung im Ganzen und Großen erwachen.

Neunzehntes Capitel.

Von den Sitzvorrichtungen.

Ein besonderes Capitel gebührt den Sitzvorrichtungen, auf denen wir ja, wenn drinnen, fast ausschließlich verweilen, und schon die Kinder, die zwar aus sich selbst lieber beweglich leben, müssen auf höheren Befehl daheim wie in der Schule stille sitzen. (Vergl. Buch I, Cap. 19.) Bei dieser Gewohnheit gewinnt die Sitzhaltung eine so hohe hygieinische Bedeutung, daß ich ihr vorerst eine allgemeine Betrachtung widmen muß.

Welch' schädigenden Einfluß diese Haltung auf das Athemorgan, oder, wie man kürzer zu sagen pflegt, auf die Brust ausübt, lehrte bereits Buch I, Cap. 8. Hier lernen wir sie als die Hauptursache dreier — Dank der Schulbank! — schon unter der heranwachsenden Jugend stark verbreiteten Schäden kennen, nemlich des gestörten Blutdrucks (früher als „Congestion“, „Hämorrhoiden“ u. dgl. bezeichnet), des Schiefwuchses und der Kurzsichtigkeit.

Den Blutdruck stört die Sitzhaltung dadurch, daß sie die Pulsadern geknickt hält, so den schlanken Blutlauf nach der Peripherie aufhaltend, ja das Blut theilweise nach dem Centrum zurücktreibend. Eine angeschnittene Pulsader kann man dadurch am Spritzen verhindern, daß man das Glied stark beugt, wo man dann, den Pulsaderstamm im Gelenke knickend, den centrifugalen Blutlauf aufhält. Daß man von anhaltendem Sitzen heiß im Kopf wird und Herzklopfen bekommt, ist eine alte Erfahrung. Beide Schäden können sich aber auch zu dickem Halse

(Kropf), Herzfehler, Blutsturz u. dgl. steigern. In der Neuzeit kommt eine so erworbene Krankheit, die Basedow'sche, bestehend in glotzartigem Hervortreten der Augen, Kropf und Herzfehler immer häufiger zur Beobachtung. Knickt nun zwar die Sitzhaltung die Pulsadern nicht in dem Maaße, wie es erforderlich wäre, um dem Blutlauf völligen Einhalt zu thun, so wirkt sie doch auf's Herz um so nachhaltiger als sie eine Summe von leichten Knickungen unterhält, nemlich an folgenden Doppelstellen: Knöchel, Kniee, Leistenbeuge, Handgelenk, Ellenbogen, Achsel, Nacken, im Ganzen also an 14 Stellen. Die Knickung wird aber um so bedeutender, je weniger die Sitzvorrichtung auf ihre Verminderung Bedacht nimmt, je weniger hygieinisch sie construirt ist. Dies zeigt sich neuerdings recht deutlich an einem Muster von schädlicher, noch mit das Blut zurückstoßender Bewegung der Knickungsstellen verbundener Sitzvorrichtung, nemlich der Nähmaschine: die Meisten der damit arbeitenden Mädchen bekommen sehr bald heißen Kopf und Herzklopfen und mit der Zeit dicken Hals! — (Ausführliche Darlegung dieser habituellen Knickungsstauung s. in meinem „Illustrirten Gesundheitsbuche": Herz-, Blut- und Lymphgefäße, Leipzig, 1874, S. 175 ff.)

Zum Schiefwuchs angeleitet werden die Kinder durch die falsche Einrichtung der Sitzvorrichtung, welche ihnen einerseits anhaltendes gerades Sitzen unmöglich macht, andererseits sie zur Schiefhaltung, besonders Einknickung des Rückgrats im unteren Abschnitt und Ausbiegung im oberen, geradezu anleitet.

Damit ist die Gewöhnung an Kurzsichtigkeit innig verbunden, welche weit weniger mit dem Mangel an Beleuchtung als damit zusammenhängt, daß der falsche Sitz die Kinder anhält, den Kopf zu nahe auf die Tischplatte zu neigen und dadurch ihren Blick kurz zu gewöhnen. Cohn rechnete unter 361 Gymnasiasten 125 Kurzsichtige, nach 1½ Jahren von 84 noch Normalsichtigen 14 Kurzsichtige, von 54 früher Kurzsichtigen 28 schwachsichtig Gewordene!

Alle diese, die Generation im Aufwachsen verkrüppelnden Fehler wären zu vermeiden durch Herstellung einer richtigen d. h. auf Verhütung unrichtiger Haltung bedachten Sitzvorrichtung, welcher freilich an erster Stelle Unterweisung im ordentlichen Sitzen überhaupt vorhergehen muß. Wie weit die Kinder darin zurück sind, wird man erst inne, wenn man ihnen außer der Schule Unterricht bei einem, an erster Stelle zu richtiger Körper- und Handhaltung anleitenden Schreiblehrer geben läßt, zu welcher sie sich ungemein schwer verstehen.

Die Theorie findet sich in Dr. Kollmann's „Mechanik des menschlichen Körpers" Abschnitt VI ebenso gründlich als verständlich auseinandergesetzt. Indem ich mich hier darauf beschränke, aus diesem Werke das Bild eines an einem richtig gebauten Pulte sitzenden Knaben wiederzugeben, knüpfe ich daran einige praktische Folgerungen für's Haus.

Fig. 27.

Im Gegensatze zu diesem Bilde ist die daheim betriebene Vernachlässigung zu tadeln, welche den Kindern keinen besonderen Arbeitsplatz anweist, sondern es ihnen überläßt, sich hier oder dort einen zu suchen: in einer Fensternische, auf dem Clavier, am Küchentische! Kann nicht Jeder sein Pult haben, so ist wenigstens für einen gemeinsamen, viereckigen (nicht runden) Tisch zu sorgen mit verschiedenen, den Einzelnen passenden Stühlen und Beleuchtung vom Mittelpunkte aus. Auch der Einzelsitzende muß stets das Licht von vorn oder von der linken Seite her empfangen, denn von rechts wirft sich der Handschatten zwischen Schrift und Auge. Die Sitzhöhe muß genau der des Unterschenkels entsprechen und die Sitzfläche so ausgehöhlt sein, wie man's jetzt in Coupé's dritter Classe allgemein eingeführt findet (weiteres siehe nachher); dazu kommt eine gerade Lehne, an der der Rücken ruht, ohne sich nachlässig zu krümmen. Der Tisch muß genau Brusthöhe haben, daher für Heranwachsende am Besten zum Verstellen eingerichtet sein. Seine Platte muß über die Stuhlfläche herüberreichen, daher für den Fall des Hinsetzens und Aufstehens verschiebbar sein. Die Kosten solcher äußerst dauerhaft gebauten Hausschulbank, wie sie von den Herren Bahse und Haendel zu Chemnitz mit einem der allgemeinsten Anerkennung würdigen Eifer und Verständniß gefertigt werden, sind so unbedeutend, daß sie auch dem weniger Bemittelten zugänglich bleiben, zumal die einfache Bank, wenn das Kind herausgewachsen, unter geringem Aufschlage gegen eine höhere umgetauscht wird. Bedeutender sind die für ein Pult mit Verstellung, welches aber von Mehreren von verschiedener Körperlänge benützt werden kann.

Erwachsenen empfehle ich den von mir in anhaltender Schriftstellerei seit Jahrzehnten erprobten Stuhl, Fig. 28.

Obgleich von Holz, ist er nichts weniger als „hart", weil er nemlich, wie vorhin vorgeschrieben, nach hinten aus-

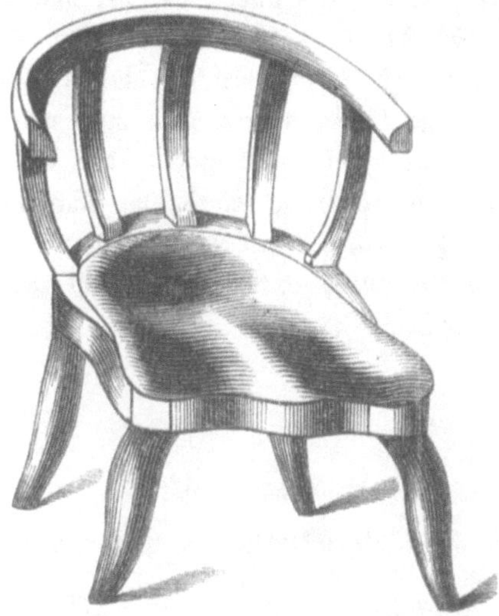

Fig. 28. Gesundheitsstuhl für Erwachsene.

gehöhlt ist und zwar, um das „Recept" zu verrathen, so viel, als das Dritttheil des Oberschenkels im Querschnitt beträgt. „Hart" kommt uns nur die gerade Sitzfläche, und sei sie gepolstert, vor, weil nemlich der im Sitzfleische schräg nach unten verlaufende Oberschenkelknochen um so viel zu hoch zu liegen kommt, als jenes Dritttheil beträgt. In der Höhlung aber ruht er wirklich und darum bemerkt man an so gesetzten Kindern nicht jenes „Nichtstillesitzenkönnen", das nur eine natürliche Reaktion gegen die angeblich „harte" Sitzfläche, überhaupt gegen die widernatürliche Sitzhaltung ausdrückt.

Erwachsenen, die anhaltend im Bureau oder am Gelehrtentische arbeiten, ist ferner der, ja schon vielfach übliche Wechsel oder, wenn sie's aushalten, der anhaltende Gebrauch des Stehpultes zu empfehlen. Im Stehen geht der Puls etwa 10 Schläge rascher als im Sitzen, auch bleiben die Füße länger warm. Ob man nun sitze oder stehe, so empfiehlt sich im Interesse des letztgenannten Körpertheiles die Unterlage eines, die Abkühlung durch Strahlung (vgl. Buch II, Cap. 2) verhindernden Fußdecke, besonders in Räumen, unter denen nicht geheizt wird (vgl. Cap. 16, S. 243).

Zwanzigstes Capitel.

Ein Blick in die Werkstätten und Schulstuben.

„Mens sana in corpore sano."

Der besondere Zweck dieses Capitels, der ihm eine Stelle in diesem Abschnitte zuweist, ist die Beschäftigung mit der Schulbankfrage. Doch wird der Leser in einem Buche, wie das vorliegende, das System nicht so streng befolgt wissen wollen, daß sich der Verfasser nicht eine Abschweifung in's Allgemeine erlauben dürfte. Diese aber hier liegt um so näher, als die im vorigen Capitel zur Sprache gelangte Gewohnheit der sitzenden Körperhaltung sich bei dermaliger Beschaffenheit ihres Schauplatzes, des Binnenraumes, eng mit einer anderen, schon in der Einleitung hervorgehobenen verbindend, ihre schädliche Wirkung verdoppelt. Beschränkt sie sich, allein betrachtet, auf mechanische Gefährdung des Blutlaufs und der Athmung, so fügt gleichzeitiges Einathmen unreiner, verdorbener Luft noch funktionelle Gefährdung der Blutmischung und der Lungen hinzu. Dazu kommt ferner, daß Erfüllung der hygieinischen Vorschriften für Sitzvorrichtungen dadurch, daß sie dem Einzelnen einen bedeutend größeren Spielraum gewährt, mittelbar auch der reichlicheren Ventilation Vorschub leistet. Lautet doch das erste, den Reformvorschlägen in der Schulbankfrage entgegengestellte Bedenken meist dahin, es sei kein Platz vorhanden! Ebenfalls aus der Einleitung wissen wir aber bereits, wie grundfalsch die Praxis, welche eine Mehrheit statt nach den funktionellen Bedürfnissen der Athmung (und des Blutlaufs) nach dem mechanischen Maaßstabe der Kopfzahl im Binnenraume vereinigt, so die „Uebervölkerung" aus den Privatwohnstätten auch auf den dritten Ort übertragend. Das hygieinische Verlangen „Schafft mehr Platz!" kommt also zu gleichen Theilen der Pflege der Athmung und der richtigen Sitzhaltung zu Gute.

Zugegeben, daß Angesichts der städtischen Wohnungsnoth der Einzelne sich daheim nothgedrungen nach der Decke zu strecken hat, dürfte doch die Frage auf einem anderen Blatte stehen, ob er als Arbeitnehmer, um das ganze große Heer der Arbeiter, Officianten in Büreau's, Beamten im öffentlichen Dienste u. s. w. in ein Wort zusammenzufassen, sich's gefallen lassen muß, von dem, dem er ohnehin seine Arbeitskraft widmet, eine Stätte angewiesen zu bekommen, deren ungesunde Einrichtung ihn krank und vor der Zeit arbeitsunfähig machen muß. Man braucht vor Untersuchung dieser Frage um so weniger zurückzuschrecken, als ihre hygieinische Lösung zu gleichem Theile im Interesse des Arbeitgebers, um mich abermals kurz auszudrücken, liegen dürfte. Denn die Kosten, welche diesem für Aushilfsdienst, Badereisen, vorzeitige Pensionirung erwachsen, würden vollkommen ausreichen zu rechtzeitiger Herstellung gesunder Arbeitsräume, in denen überdies eine ganz andere Arbeitslust herrschen würde. Doch selbst bei Neubauten gewahrt man noch nicht solchen haushälterischen Plan, im Gegentheil einen Rückschritt. Um beispielsweise einen meiner letzten Eindrücke zu verzeichnen, so steige der Leser einmal die Treppe hinan, die von dem Laden eines „Confektionsgeschäftes" hinten in einen „Entresol" führt, in dem ein Dutzend und mehr junge Mädchen an der Nähmaschine 12 Stunden und länger arbeiten. Durch unerträgliche Hitze von Gasflammen schon vor dem Eintreten belästigt, findet er oben einen niedrigen, nur halbbeleuchteten, tiefen zwar, aber um so schmäleren, von schlechtester Luft angefüllten Raum! — In größerem oder kleinerem Maaßstabe wiederholt sich dieses Schreckbild in den Fabrikwerkstätten, kaufmännischen Comptoiren, Regierungs-, Gemeinde- und Aktiengesellschafts-Büreau's, Postanstalten und, wie wir später sehen werden, Schulräume. Erst die öffentliche Hygieine wird hier durch Einwirkung auf Ergänzung der Gesetzgebung praktische Besserung anbahnen, der persönlichen liegt nur ob, den Nothstand dem Einzelnen zum Bewußtsein zu bringen.

Da die bösen Folgen nicht sofort und massenhaft zu Tage treten und die Gewohnheit den Blick für die Schädlichkeit getrübt hat, so sei an jene Beispiele erinnert, wo der Aufenthalt in solchem Binnenraume durch Einathmung wirklich giftiger Stoffe zu auffälliger specifischer Erkrankung führt, nemlich, je nach der Natur des Stoffes, in Bleilähmung, Phosphorknochenfraß, Quecksilbersiechthum und allen den anderen Auszehrungsformen, die wir im Capitel (3) vom Staube kennen lernten. Der Respirator hindert nur das Eindringen derberer Theile und die örtliche Beschädigung der Lunge, nicht aber die blut- und säfteverderbende Wirkung des gasförmigen Dunstes und wo es an Ventilation mangelt, da bleibt auch die filtrirte Luft ungesund. Nach Buch I, Cap. 9 wird es verständlich sein, wenn ich alle die kleinen Leiden, die als Rheumatismus, Hämorrhoiden, Kopfgicht u. s. w. den Arzt in der Armen- wie in der Beamtenpraxis Jahraus Jahrein beschäftigen, zur Ausstellung von Krankenscheinen und Urlaubsattesten veranlassen, auf Rechnung der Ueberfüllung jener Binnenräume setze. Leider geräth er aber bei letzteren häufig genug mit der vorgesetzten Instanz in Conflikt, welche, wenn der Untergebene nicht gleich heftig erkrankt, die Dringlichkeit der Diensteinstellung bezweifelt und einen mehr oder weniger versteckten Druck auf ihre Beendigung ausübt. „Weißes Sklaventhum" nennt ohne Uebertreibung ein Socialpolitiker diese Zumuthungen an die nicht nur an sich auf's Aeußerste ausgenutzte, sondern auch noch durch ungesunde Bewahrung ihrer Träger lahm gelegte Arbeitskraft!

Um nun zum Schulwesen zu kommen, so haben wir Alle die natürliche Pflicht, uns in diese formell der öffentlichen Gesundheitspflege zustehende Einrichtung zu mischen, weil seine Räume von unserem eigenen Fleisch und Blut so gewohnheitsmäßig eingenommen werden, daß man sagen könnte, die Kinder wohnen am Tage mehr in der Schule als im Hause. Zum Mindesten ein Drittheil ihrer Jugendzeit verbringen sie dort, Binnenluft athmend und in Sitzhaltung verharrend. Wenn nun der Hausarzt gewöhnlich von Erkrankungen berichten hört, die sie sich „auf dem Wege zur oder von der Schule durch Erkältung" zugezogen, so geht ihm, wenn anders er hygieinischen Blick übt, die Frage voran, ob Patient nicht etwa in der Schule an seiner Gesundheit geschädigt worden und der Familienvater, der einmal in eine Schulstube nach Beendigung des Unterrichtes hineingerochen, wird ihm beistimmen. Zu seiner vollen Ueberzeugung lege er den auf S. 221 aufgestellten Maaßstab der Ventilation und das auf S. 205 verzeichnete zulässige Maaß des Kohlensäuregehaltes an folgende Erhebung des Thatbestandes.*) In einem von 67 Kindern besetzten Schulzimmer von 251,61 Cubikmeter Raumgröße betrug die Kohlensäuremenge:

Vormittags	8	Uhr	bei Beginn	des	Unterrichts	2,48	Promille,
„	9	„	zu Ende	„	„	4,80	„
„	11	„	„ „	„	„	8,11	„
Nachmittags	2	„	bei Beginn	„	„	5,52	„
„	4	„	zu Ende	„	„	9,36	„

Weitere Berechnung ergab, daß, wenn der Kohlensäuregehalt in dieser Classe 2 Promille nicht übersteigen sollte, sie entweder nur 12 Kinder (also über 5mal

*) Dr. C. **Breiting**, die Luft in Schulzimmern. Deutsche Vierteljahrsschrift für öffentliche Gesundheitspflege. Bd. II, S. 17 ff. 1870.

weniger) fassen oder 1310 Cubikmeter groß (also beinahe 6 mal größer) sein müßte! —

Zu voller Würdigung dieses Ergebnisses bitte ich sich zu erinnern, daß die Kohlensäure-Menge gleichzeitig das Symptom der Luftverschlechterung im Ganzen ausdrückt, daß also im gleichen Verhältniß wie das irrespirable Gas auch die übrigen schädlichen Bestandtheile, gewöhnlicher und Pilzstaub, Ausdünstungswasser u. s. w. sich vermehrt haben. Ueber die mit den unrichtigen Heizverhältnissen verbundenen Uebelstände wurde schon in Cap. 16 geklagt, auch die Beleuchtung läßt Vieles, wo nicht Alles zu wünschen u. s. w.

Nach dieser, den Thatbestand kaum erschöpfenden und nichts weniger als „grell" aufgetragene Skizze würden Eltern und Erzieher sich gewöhnen müssen, so, wie bei Handwerkern von Berufskrankheiten gesprochen wird, bei Kindern von S c h u l k r a n k h e i t zu sprechen und dem Arzte zu glauben, wenn er, im Krankenexamen allemal zuerst die Schule als Ursache beschuldigend, selbst bei anscheinend geringfügigen Leiden sein Erstes Verbot des Schulbesuches sein läßt. Hoffentlich wird dann auch die böotische Ueberlieferung fallen, welche entschuldigte Kinder sich nicht im Freien tummelnd, sondern in Stube und Bett gefangen sehen will. Denn die einzig rationelle Ausgleichung des in der Schulstubenluft erworbenen Unwohlseins besteht im fleißigen Ergehen in der frischen, freien Luft (in der aristarchischen Denuncirsprache „Bummeln" genannt).

Nicht auf erschöpfende Aufzählung aller nothwendigen Verbesserungen kann's hier abgesehen sein, nur auf Anleitung aller Betheiligten zu der Ansicht, daß, wenn der

Staat uns zwingt, unsere Kinder zur Schule zu schicken, wir unsererseits von ihm Gewähr dafür zu verlangen berechtigt sind, daß sie dort nicht Schaden an ihrem Leibe nehmen. Was helfen die Vorsichtsmaßregeln wider die ausnahmsweise Pockenansteckung, so lange die Schulstube laufend eine Pflanzstätte von Lungensiechthum, Blutsturz, Herzfehler, Verwachsung und Kurzsichtigkeit bleibt! — Auch hier kann freimüthige hygieinische Darlegung der beschuldigten Instanz selbst nur zu Gute kommen, denn Beseitigung der Schäden, denen die heranwachsende Jugend gegenwärtig officiell ausgesetzt bleibt, wird die ungeheure Zahl der im reifen Alter Verkommenen und Kränklichen, wie sie die Militäraushebung ergibt, so zusammenschrumpfen machen, daß die Wehrkraft sich um ein Bedeutendes vermehrt finden wird.

Nach dem Bisherigen genügt schon die schlechte Beschaffenheit der leeren Schulstube zum Prädicate gesundheitsgefährlich. Die Schulbank kommt hinzu, um das Maaß voll zu machen. Da wir früher selbst darauf gesessen, ohne glücklicher Weise alle krumm, kurzsichtig oder schmalbrüstig geworden zu sein, so geht's uns schwer ein, daß wir's wie Andere hätten werden können und daß wir uns ein Gewissen daraus zu machen haben, auch unsere Kinder darauf sitzen zu lassen. So nur erkläre ich mir's, daß der kürzlich in einer mit den schlechtesten Schulbänken gesegneten Stadt von Reclam über deren Schädlichkeit gehaltene Vortrag keinen sofortigen allgemeinen Schülerstrike zur Folge hatte. Wohl verlohnte es sich der Umstände, eine Knabenschulbank alter Construktion in den für Erwachsene passenden Dimensionen herzustellen, um ihnen praktisch zu beweisen, daß es geradezu unmöglich ist, ordentlich darauf zu sitzen und dran zu schreiben. In der That ist sie ja auch von Haus aus nicht für die Stunden berechnet, in denen gesessen und geschrieben, sondern für die Minuten, in denen der Reihe nach hindurchgegangen, zum Beten, Certiren, Begrüßen des Rectors aufgestanden wird. Außerdem nimmt sie keine Rücksicht auf die verschiedene Körperlänge der drauf Sitzenden und bei der Disciplin des „Einen hinauf"! oder „Einen hinunter"! kommt der Einzelne fortwährend auf andere für ihn nicht passende Sitzhöhen! —

Nachdem das vorige Capitel die leitenden Gedanken entwickelt, sei hier nur noch das Modell einer Schulbank, wie sie sein soll und muß, und ebenfalls von der im vorigen Capitel genannten Fabrik auf das Billigste hergestellt wird, vorgeführt (Fig. 29).

Von Rechtswegen müßte, wie dies z. B. in americanischen, überhaupt musterhaft angelegten Schulen der Fall ist, jedes Kind seinen eigenen, ihm genau passenden Sitz haben. Aus Rücksicht auf Platzersparniß sei aber die zweisitze Form zugestanden, nur daß verschiedene Höhenmaaße zur Auswahl stehen, für welche sich dann wohl meist je zwei gleich große Staturen finden; denn nur nach der Körperlänge, nicht nach dem Wissen und Können dürfen die Schüler gesetzt werden. Die Tischfläche ist

---

*) Ausführliches findet sich in der jedem hygieinisch bedachten Familienvorstande empfehlenswerthen Schrift von Dr. Schildbach, die Schulbankfrage und die Kunze'sche Schulbank. 2. Aufl. Leipzig 1872.

ebenfalls zum Verschieben nach vorn, die Sitzfläche nach hinten ausgehöhlt. Das Aufstehen beim Aufruf geschieht unter Heraustreten u. s. w.

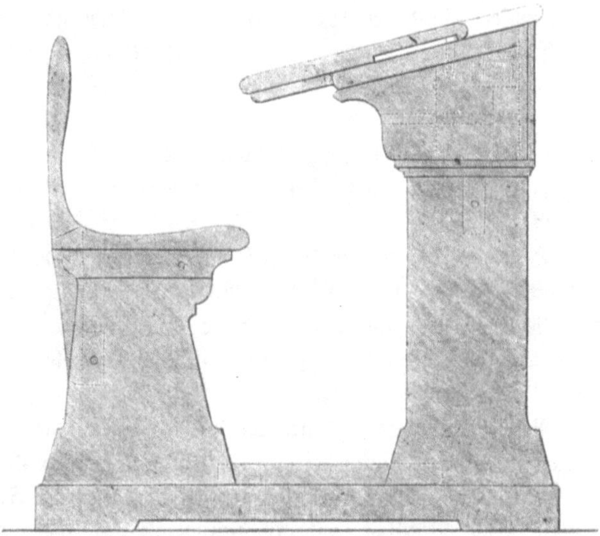

Fig. 29. Die Kunze'sche Schulbank.

Einführung dieser zweisitzigen Bank würde sich nicht an den Kosten für diese Anschaffung als solche, sondern, wie schon angedeutet nur am Platzmangel stoßen, der, wie wir vorhin in einem Beispiele sahen, sich als fünfmal, anderwärts vielleicht um noch weit mehr zu gering herausstellt. Dieser Nothstand wird sich aber auch in Neubauten wiederholen, so lange noch an dem Grundsatze festgehalten wird, daß Schulhäuser massiv und in Stockwerken (sogenanntem Hochbau) anzulegen sind. Dem entgegen sei der durchaus zu hörende Vorschlag Sonderegger's verzeichnet, sie nach dem sich ja im Spitalwesen so bewährenden Baracken- oder Pavillonsysteme aufzuführen.*)

Was schließlich das innere Schulwesen betrifft, so empfiehlt es sich, die ja von oben her theilweise bereits zugestandene Ueberbürdung mit Arbeit durch eine allgemeine Agitation abzuwehren. Das hier zu erstrebende Ziel ginge dahin, daß häusliche Aufgaben und der Nachmittagsunterricht ganz in Wegfall kommen.

*) Nachträglich finde ich diesen Vorschlag auch in einer neuesten, höchst beachtenswerthen Broschüre ausgeführt: „Die Reform der Schule mit Rücksicht auf die Bedürfnisse der Zeit.“ Wiesbaden, 1876.

Vierter Abschnitt.

Die Wohnung der Zukunft.

Einundzwanzigstes Capitel.

Vorläufige Lichtblicke.

Wenn die vorigen Abschnitte dieses Buches ein pessimistischer Ton durchklingen mochte, so scheint es in diesem letzteren geboten, noch den optimistischen anzuschlagen. Man müßte auch in der That blind sein, wollte man übersehen, daß die zunächst zur Führerschaft berufene öffentliche Hygieine in verhältnißmäßig kurzer Frist wahre Großthaten verrichtet hat. Vorerst allerdings ist das Ausland mit gutem Beispiele vorangegangen und hält uns die Riesenstädte London und Paris vor als Muster, wie sich die anscheinend verfahrensten Zustände bei unerschrockenem Vorgehen noch curiren lassen, eine bis dahin ungesundeste Stadt in eine verhältnißmäßig gesundeste umzuwandeln ist, ohne daß an der ursprünglichen Form der Ansiedelung Wesentliches geändert wird. Nunmehr aber beschränkt man sich auch in Deutschland nicht mehr auf Aeußerung bloßer frommer Wünsche, sondern in den Städten München, Frankfurt, Hamburg, Leipzig, Danzig wird rüstig gearbeitet an Reinigung des Bodens, Ventilation der Stadtluft, Beschaffung guten Trinkwassers und aller Orten bemerkt man da, wo neue Stadttheile entstehen, z. B. in Magdeburg, entschieden hygieinische Planmäßigkeit, wenigstens was die Vorderseite betrifft: breite Straßen, Baumalleen, freie Plätze, Vorgärten, Balcons, Verranden. Auch die Restaurationen werden gartenartig oder als „Hallen" angelegt. In Leipzig bieten die „Schreberplätze" im Weichbilde der Stadt Ersatz für den drinnen mangelnden Garten. Für die unter dem zinsbedürftigen Ausschlachtungssysteme noch schwer leidende Hofseite legt sich vorläufig eine andere Instanz, die Feuerwehr, in's Mittel, indem sie wenigstens freien Spielraum für ihre Löschmaschine vorschreibt. Canalisation und Wasserkunst unterstützen gründliche Spülung der Rinnsale, Sprengung des Staubes, Anlage von Springbrunnen. Weitere Fortschritte verspricht die Lösung einer vom „Verbande deutscher Architekten- und Ingenieur-Vereine" ausgeschriebene Preisfrage über eine den dermaligen Verhältnissen anzupassende Ventilationsmethode, welche zeigt, daß es auch der bauenden Instanz Ernst ist mit hygieinischen Verbesserungen. Nicht unbeachtet kann ich ferner die Thatsache lassen, daß im Wohnungsbau für Thiere, namentlich in der Landwirthschaft, hie und da freigebiger mit Luft, Wasser und Reinlichkeit vorgegangen wird als in den von Gemeindewegen für das Proletariat angeordneten Bauten und in zoologischen Gärten vollends erstehen Paläste für wilde Thiere, die sich denn jetzt auch weit besser und länger halten als früher. Ob man nach solchen Anfängen auf fernliegendem Gebiete nicht allmählich auch ein Einsehen für das nächstliegende in Cap. 20 bereits beleuchtete gewinnen wird?

Ein Nothstand wird bei der Kostbarkeit des Grundes und Bodens noch lange forterben: die Häufung der Stockwerke und die ununterbrochene Straßenfront, von dem sich bis jetzt nur vorstädtische Viertel nothdürftig frei zu machen beginnen, ein Anfang, der jedoch vielverheißend genug ist, um wenigstens der theoretischen Beschäftigung mit der Ansiedelung, wie sie durchgehends sein sollte, näher zu treten. Sorgt doch die Cultur bereits dafür, daß wir uns nicht mehr in den Kreis des Kirchthurmes, der Schule, der Börse, des Marktes gebannt wissen, sondern Ort und Zeit verbinden mit Hülfe der von Dampf- oder Pferdekraft befahrenen Schienengeleise!

Zweiundzwanzigstes Capitel.

Das freistehende Wohnhaus (Cottage- oder Villensystem).

„Da Häuser gebaut werden, um drin zu wohnen, nicht um sie von draußen zu bewundern, so gebührt der Bequemlichkeit der Vorrang vor der Gleichmäßigkeit."

Baco.

Das Muster einer gesunden Ansiedelung ist das nach allen Seiten freistehende, von Gartenanlagen umgebene und durch solche auch von der Straße getrennte Wohnhaus nach dem Plane des Cottage- oder Villensystems, welches von vornherein alle Nothstände und Fährlichkeiten des Massenwohnens fernhält. Ueberladung des Bodens mit Abfällen, Verderbniß des Trinkwassers, der Binnen- und Außenluft von unten oder auch von der Nachbarschaft her kann nicht vorkommen und das Wenige an Unrath was an Ort und Stelle in die Erde dringt, wird durch Baum und Pflanzen hinausgeschafft, welche, da sie über Nacht Kohlensäure ausscheiden, natürliche Ventilatoren der Bodenluft darstellen. (Welche Bodenart die gesundeste, lehrte Cap. 7.)

Diese Villa, wie ich sie fortan kurz nennen will, vom freien Luftmeere überall gleichmäßig umflossen, genießt in jeder Pore freiwillige Ventilation und die absichtliche arbeitet mit stets frischer, von der umgebenden Vegetation bei Tage gespendeter Ozonluft. Während das Straßenhaus sich nach äußeren Geboten der Frontengleichmäßigkeit aufbauen, besonders die Vertheilung seiner Fenster gefallen lassen muß, bleibt dem Villenbauer freie Hand in Vertheilung der Räume und Gestaltung der Fronten; während dort nach äußerer Schablone gebaut wird, geschieht es hier nach innerem Bedürfniß, dort wächst die Wohnung von außen nach innen, hier von innen nach außen als eine Art Individuum mit eigenartiger Physiognomie. Die Schlafstuben können nach Osten, die Küche nach Norden, die Wohnräume nach Süden, Fremdenzimmer in einen Erker verlegt, die Fenster nach Belieben angebracht werden.

Die von bauender Seite her wohl getroffene Unterscheidung nach Ständen, die also von „Arbeiter"-, „Beamten"-, „Bürgerwohnungen" spricht, löst sich für den Hygieiniker auf in die größeren oder geringeren Ansprüche auf Räumlichkeit, äußere Ausstattung u. dgl. unwesentliche Merkmale. Als Beispiel bescheidenster Art wähle ich aus einem trefflichen Leitfaden des Holzmindener Architekten Hittenkofer („das freistehende Familien-Wohnhaus" Leipzig, Scholtzes Verlag 1875) das Fig. 30 als Ganzes und Fig. 31 im Durchriß dargestellte Häuschen aus.

Fig. 30. Freistehendes Familienhaus.

Im Erdgeschosse sind um einen Vorplatz und von diesem aus zugänglich die Räume vertheilt, welche vornemlich des Morgens benutzt werden: Kinder- und Eßzimmer, Küche, Mädchenkammer; das Zimmer der Frau ist nur durch das der Kinder zu betreten; der Vorplatz wird durch das Treppenfester beleuchtet. Vor dem Zimmer der Frau und Kinder liegt eine offene Veranda mit einer in den Vorgarten führenden Freitreppe. Im oberen Stockwerke liegen die Räume, welche hauptsächlich Nachmittags und Abends benutzt werden: das gleichzeitig als Empfangszimmer dienende Wohnzimmer, daneben das des Hausherrn, eine Garderobe und zwei zusammenhängende Schlafstuben. Beleuchtung erhält jeder Raum nur von einer Seite her, so daß reicher Platz für Aufstellung des Mobiliars geboten wird.

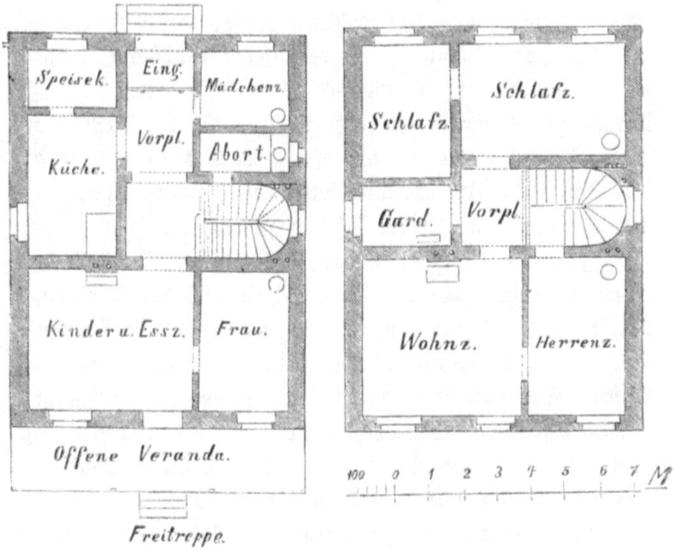

Fig. 31.

Erdgeschoß — oberes Stockwerk des freistehenden Wohnhauses im Durchriß.

Im Uebrigen ist das Erdgeschoß so unterkellert zu denken, daß unter dem Kinderzimmer eine Waschküche und unter dem der Frau eine Plättstube liegt. Unter der Küche, Speise- und Mädchenkammer befinden sich verschiedene Kellerräume. (Wie diese zu halten, s. S. 224.)

Der Kostenanschlag für Herstellung eines solchen Gebäudes in zwei Rangstufen fällt etwa folgendermaßen aus:

Erste Stufe: Etagenhöhe durchschnittlich 3,15 Meter im Lichten, massiver Bau, Unterkellerung, Ziegel-Welmdach (d. h. vierflächige Pyramidenform), innerer Ausbau nach gewöhnlicher Art, Zweifüllungsthüren mit ordinärem Beschlag, Fenster aus Kiefernholz, bunte, ordinäre Oefen u. s. w. pro Quadratmeter bebauter Grundfläche (ohne Grund und Boden) 90 bis 120 Mark, also bei 102 Quadratmetern bebauter Grundfläche zusammen: 9,180 bis 12,240 Mark. Die Dauer des Gebäudes ist auf etwa 100 Jahre, die Unterhaltungskosteu und der Amortisationsbetrag auf je ein Procent jährlich zu rechnen.

Zweite Stufe: Etagenhöhe durchschnittlich 3,75 Meter im Lichten, massiver Bau, Schieferdach, Abfallröhren, Dachrinnen, Flügelthüren mit Messingbeschlag, Fenster von Eichenholz mit Scheiben von rheinischem Glase, weißen Oefen, Patentböden in den besseren Zimmern, überhaupt überall besserer Ausbau pro Quadratmeter bebauter Grundfläche 140 bis 180 Mark, also bei 102 Quadratmetern bebauter Grundfläche 14,280 bis 18,360 Mark.

Der jährliche Miethzins für eine Wohnung in einem Massenquartiere mit gleichen, aber nicht so geräumigen, bequem vertheilten, gut beleuchteten Räumen würde sicherlich nicht unter 400 Thlr. betragen, ihrem Erwerbe Seitens des auf diesem Miethsfuße Lebenden also nur der Umstand entgegenstehen, daß wir noch nicht die Einrichtung der Engländer besitzen, welche solche Einzelhäuser auf Abschlagszahlung überläßt. Doch wird es nur auf die laut werdende Nachfrage ankommen, um das Angebot hervorzurufen. Das Hittenkofer'sche Buch bietet eine reiche Auswahl der verschiedensten von den einfachsten bis zu den höchsten Stufen der Ausstattung reichenden Pläne und Ansichten und in Desselben „die deutsche Villa" (Leipzig 1875) findet sich ausführliche Anweisung über die Einzelheiten der Bauausführung wie der inneren Einrichtung. Hier kam's nur darauf an, durch eine Beispiels-Skizze den Leser zu selbstständigem weiteren Eindringen anzuregen, ein Zweck, der vollends noch erreicht werden dürfte durch eine schließliche Betrachtung über den sittlichen Werth dieser Musterwohnstätte.

Dreiundzwanzigstes Capitel.

Sittlicher Werth des selbstständigen Daheims.

„My house is my castle."

Wir Deutschen als das Stammvolk des „beschränkten Unterthanenverstandes" von Kindesbeinen an zu Abhängigkeit geschult, gewöhnen uns auch von Kindesbein, in Miethscasernen zu schmachten und so wissen wir's, wenn selbstständig geworden, gar nicht anders, als daß wir für Geld und gute Worte von einem herzlosen „Wohnungsgeber" ein Obdach nehmen, nachdem wir die Zahl unserer Kinder schüchtern gebeichtet und gelobet, sie fein artig zu halten. Nunmehr lassen wir die seit Jahren vernachlässigten Räume von der Diele bis zur Decke, von der Schlafstube bis zur Küche neu herrichten für — unseren Nachfolger und binnen wenigen Jahren haben wir's erfahren, daß „dreimal ausziehen so gut ist wie einmal abbrennen" — welch' Capital unlustig gegebenen Geldes haben wir da verthan! —

Der Wechsel führt uns in einen mit allem den Anforderungen der Neuzeit entsprechenden Comfort ausgestatteten, in einem neuerstehenden, vielversprechenden Stadttheil gelegenem Neubau; allem Anscheine nach haben wir uns wesentlich verbessert und denken vorläufig nicht mehr an Ausziehen. Doch bald beginnt das Jüngste zu kränkeln, das älteste Mädchen bekommt Drüsengeschwulst am Halse, der Sohn schlimme Augen, uns selbst ist's auch gar nicht ordentlich wohl — Alle oder Einige müssen aus der schönen Wohnung weg auf's Land, in ein Sool- oder Seebad, nachdem vorher mit Haus- und Apothekermitteln vergeblich curirt worden: für die auf solche kein Ende nehmende Curen verwendeten Summen konnten wir ein kleines Grundstück erwerben und wären gesund geblieben!

Und wenn wir als Miether, was ja auch keine Seltenheit, die gemüthlichsten und gesündesten Verhältnisse getroffen haben, so fehlt's doch in dem einen Stücke, daß wir uns unter der stillen Botmäßigkeit eines Fremden und der stetigen Ueberwachung mehrerer Fremder wissen.

In diesem laufenden Bewußtsein der Abhängigkeit und Unsicherheit glaube ich den Grund suchen zu müssen, weshalb wir für Wohnungshygieine so wenig Verständniß und Herz besitzen und mehr Kosten auf das — im Sinne des Contraktes — nicht „Niet- und Nagelfeste" verwenden.

Der von mir schon angeführte französische Hygieiniker mahnt: „Wenn wir nur Etwas von dem, was wir sonst für unseren Putz ausgeben, auf gesunde Wohnung verwendeten, so würde es der ganzen Familie zu Gute kommen.“ Statt „Putz“ konnte er ebenso gut sagen: unnützes Mobiliar, Vergnügungen draußen, Kneipereien, Luft- und Badereisen, welche letztere im günstigsten Falle doch immer nur Flickwerk leisten. Dagegen ist das eigene, freistehende Haus der „Luftcurort“ (vgl. S. 283) in Permanenz, die hygieinische Weihestätte, von der Skrofelsucht und Lungensiechthum, Faulfieber und Cholera verbannt bleiben. Wo aber, wie in der Miethscaserne, unabänderliche Nothstände schon von vornherein gesunder Lebensweise, besonders was Schlafen betrifft, entgegenstehen, da nistet sich auch ein solcher Grad von hygieinischer Gesinnungslosigkeit ein, daß bloße diätetische Curvorschriften in den Wind geschlagen, nur — Recepte willkommen geheißen werden.

Erst das eigene Daheim bleibt die Pflanzstätte wie auch der Gegenstand hygieinischer Gesinnungstüchtigkeit; gleichzeitig leitet der hier gepflegte Unabhängigkeitssinn zur Abneigung an gegen fremde Einmischung und Künstelei in Fragen des Körperwohles. An dieser Freistätte durchdringen von Jugend auf Lust und Muth, gesund zu sein und alt zu werden, jeden Einzelnen und nur hier fühlt man sich heimisch so gefesselt, daß man sich gerne fernhält von den Stätten, an denen der Miethsklave sich selbstständig zu ergehen vermeint, in Wahrheit aber Mode- oder Gewohnheitssklave wird. Wer daheim sein stilles Gärtchen hat, sehnt sich nicht hinaus nach dem lärmenden

Vauxhall und putzt seine Kinder nicht zu Gliederpuppen aus, sondern heißt sie, sich in der Blouse nach Herzenslust tummeln. Wer daheim seinen behaglichen Tisch gedeckt weiß, mag sich nicht in einer dumpfen Kneipe Denken und Athmen brach legen. Die Delicatessen des Restaurant locken den Gaumen nicht, dem daheim nicht mit Gold aufzuwiegende Köstlichkeiten winken. Wie anders mundet nicht das selbstgezogene Gemüse, das vom Keime durch die Blüthe bis zur Reife gehegte Kernobst, die am eigenen Giebel gebrochene Traube! Schon die aufgehende, frei hereinstrahlende Sonne weckt den Glücklichen zur Bestellung des Blumenbeetes, die ihm den prosaischen Spaziergang ersetzt, nachdem er aus eigenem, unbesudeltem Boden entspringenden Brunnen den perlenden Trunk oder aus eigenem Stocke Honigseim geschöpft.

Am letzten Ende deckt sich gesunde mit sittlicher Lebensweise und diese wird nur im Familienleben geboren und groß gezogen; dieses wiederum gedeiht voll nur auf dem Grunde des eigenen Daheims. Weitsichtige Arbeitgeber haben diesen Satz schon praktisch bewiesen, indem die Gewährung einzelner, allmählig in eigenen Besitz übergehenden Häuser an Arbeitnehmer ergab, daß Nichts mehr an die Scholle, die Famile und Werkstätte fessele, Zufriedenheit und Verträglichkeit unterhalte als der ungetheilte Besitz eines Obdachs, das man sein eigen nennt. Andererseits kann Jeder, der einen Blick in städtisches Privatleben gethan, sonderlich der Armenarzt bezeugen, daß miethweises Zusammenwohnen, wie schon früher (S. 177) ausgeführt wurde, kein Familienglück aufkommen läßt, und, wo es sich häuft, den Stamm erzeugt, dessen Ableger die

Besserungs- und Zwangsarbeitsanstalten füllen. Ferne sei's, diese niederen Zustände auf die besseren Schichten übertragen zu wollen, sicher aber ist, daß auch hier die elenden Miethsverhältnisse das Glück eines vollen Familienlebens nur selten zum Durchbruch gelangen lassen. Wie arm sind nicht moderne Lebensbeschreibungen an Jugenderinnerungen, die bei einem Göthe, Lessing, Hebel ganze Abschnitte füllend, der geistigen Entwickelung die Färthe vorschrieben! — Mag Americanerthum von den Flitterwochen an im Pensionate vegetiren, um aus der Hand des Kellners zu speisen, Germanenthum gedeiht nur im Neste, das es selbst geschaffen und sein eigen nennt.

Mag die Erfüllung dieses Ideales für Alle noch auf Jahrhunderte hinausgerückt bleiben, der Hygieiniker hat die Sendung, seine Leser damit zu befreunden, hinweisend auf die Dichter-Verheißung:

„Es muß doch endlich einmal Frühling werden."

www.ingramcontent.com/pod-product-compliance
Lightning Source LLC
La Vergne TN
LVHW090000031026
849161LV00020B/80